智能物联编程及应用

洪河条　谢作如　著

浙江工商大学出版社
ZHEJIANG GONGSHANG UNIVERSITY PRESS
·杭州·

图书在版编目(CIP)数据

智能物联编程及应用 / 洪河条,谢作如著.
— 杭州:浙江工商大学出版社,2021.8
ISBN 978-7-5178-4401-3

Ⅰ.①智… Ⅱ.①洪… ②谢… Ⅲ.①物联网—程序设计 Ⅳ.①TP393.4②TP18

中国版本图书馆CIP数据核字(2021)第057800号

智能物联编程及应用
ZHINENG WULIAN BIANCHENG JI YINGYONG

洪河条　谢作如　著

责任编辑	吴岳婷	
封面设计	沈　婷	
责任印制	包建辉	
出版发行	浙江工商大学出版社	
	(杭州市教工路198号　邮政编码310012)	
	(E-mail:zjgsupress@163.com)	
	(网址:http://www.zjgsupress.com)	
	电话:0571-88904980,88831806(传真)	
排　版	杭州朝曦图文设计有限公司	
印　刷	杭州宏雅印刷有限公司	
开　本	787mm×1092mm　1/16	
印　张	14.75	
字　数	185千	
版 印 次	2021年8月第1版　2021年8月第1次印刷	
书　号	ISBN 978-7-5178-4401-3	
定　价	59.00元	

序

七八年前,因为很偶然的原因,我踏入了创客教育这个行业。这几年来结识了好多名师,获得了不少莫逆之交。因为创客教育发展的需要,老师们不断出新书,有时也会邀请我来撰写推荐语和序。但我文笔不好,从来不敢答应。躲了很多次,这次却躲不过了,因为这是老谢的书,而且是一本关于掌控板和mPython的书。

这不是老谢第一次"逼"我。在掌控板和mPython的开发过程中,他不知道"逼"过我多少次。不仅老谢会"逼"我,其他创客大咖也会这样做。这些年,我们不断给对方"挖坑",但又填得不亦乐乎。可以这么说,没有他们的各种"威逼利诱",就没有掌控板,没有mPython,也就没有盛思的今天。

每逢想起老谢,心中总是首先浮现出一个衣袂飘飘、无欲则刚的侠客形象。他信仰开源,是一个纯粹的创客,不断将自己的研究成果开源,不图回报;有独立的思想,敢仗义执言,但又能"容忍"各种观点,总是说"君子和而不同";做事情靠谱,答应的事情一定办到,办不到的事情坚决不答应。

回想最初认识老谢,是在2013年8月第一届中小学STEAM教育创新论坛上。那次大会老谢是东道主,也还没有今天这么知名,上台发言还会紧张。后来我们就经常见面,尤其是创客教育专家委员会成立后,他是主任委员,我是秘书长,每年都要一起策划STEAM教育大会。我们这些人,一见面就彻夜长谈,不见面还会煲电话粥,聊产品,聊创客教育。

我最喜欢和老谢单独交流的话题不是关于创客产品的研发,而是关于如

何教育孩子。确切地说,是向老谢请教如何教育孩子。因为儿子,我才进入教育行业,认识了老谢和众多创客老师,亦师亦友,学到了很多。想来这也是我从事这个行业的最大收获了。同样,老谢也是为陪儿子谢集才走上创客教育这条路的。谢集同学既玩创客又做"学霸",一直是"别人家的孩子"。老谢给我们这些做爸爸的做出了很好的示范,身体力行地告诉我们要如何培养"创二代"。

最后回到掌控板上来。这款由中国一线创客教育老师自己定义的国产开源硬件,一经推出就受到广大老师的喜爱和支持。作为掌控板的"项目经理",我很自豪有越来越多的老师选用掌控板来开发课程,并将它运用到中小学的创客教育、STEAM教育中去。老谢的这本书从"智能""物联"的角度出发,引领创客教育走向物联网和人工智能时代。研究物联网,掌控板是最合适的教育产品。有了网络,创客作品结合各种人工智能技术也就成为可能。

借谢作如老师的新书,我要真诚地感谢掌控板的支持者,感谢国内众多专家和老师。因为有了你们,掌控板才能成为更懂学生、更懂老师、更懂教育、更懂中国的开源硬件。

"虚谷计划"组委会掌控板项目负责人、深圳盛思CEO

余　翀

前　言

伴随着科技的发展,"万物联通"逐渐从"科技幻想"变成了"科技产物",物联网技术的快速发展,为世界带来了崭新的面貌。在家居、医疗健康、教育、金融与服务业、旅游业等与生活息息相关的领域中,物联网技术已经涉及了我们生活中的方方面面,为我们带来了全新的生活体验:我们能利用手机远程操控家里的电视机、摄像头,甚至还能够通过控制插座电流的通断来实现控制电器的开关。蓬勃发展的物联网产业对教育带来的冲击,并不亚于它对我们日常生活的改变。

随着物联网技术的多次更新迭代,对于物联网硬件编程者的能力要求也逐渐下降,Arduino、树莓派、Micro bit以及掌控板等硬件的诞生更是吹响了物联网硬件编程进军青少年编程教育的号角。近年来已有不少中小学开设基于开源硬件的社团编程课,希望通过开源硬件编程提升学生的编程能力,同时通过开源硬件让学生自己动手、自己创造,成为一个个具有"创新精神"的小小创客。但这些开源硬件诞生时间的不同,造成了学习资料的多寡不均:Arduino经过十多年的发展,大大小小的开源社区源源不断地提供着大量的资源,许许多多的传感器也尽可能地适配于Arduino,而与之对比,Micro bit和掌控板却由于诞生的时间较晚,还没有沉淀出可与Arduino相媲美的学习社群,因此,无论是学习资料还是第三方库都还显得较为简陋。

掌控板作为国内第一款专为STEAM教育及编程教育而设计的开源硬件,由中国创客教育专家委员会推出,由创客教育知名品牌Labplus盛思设计、制

造与发行,无论是从支持国产自研的角度,还是从发展适合我国国情的青少年编程教育的角度来说,选择掌控板进行青少年编程教育都具有着十分充分的理由。因此,为了帮助在开源硬件学习道路上的同学们,我们编写了这本教材。为了帮助同学们更好地学习开源硬件的编程,本书在编写过程中重点突出了以下特征:

(1)采用项目式学习。重视同学们在试图解决问题的过程中发展出来的技巧和能力。本书分为4个单元,从掌控板的屏幕开始,到掌控板上的各种集成按钮、传感器,通过12个小项目,将掌控板的基本功能讲解清楚;在对掌控板有了基本的了解之后,通过数个案例,深入地解析掌控板,真正地带领同学们"感知世界、控制万物"。

(2)运用STEAM理念。在本书设计的项目中,不仅仅涉及编程相关的知识,同时还结合数学、语文、艺术等多学科的相关知识,让同学们在学习中能够多维度、多层次地感受世界,从而达到编程教育的最终目的:不仅要学会编程,还要在编程的过程中锻炼高阶思维,培养人文精神。

(3)导向真实生活。本书在经过前两单元基础的学习之后,以后两单元为重心,借助掌控板的ESP32核心芯片,通过蓝牙和Wi-Fi进行掌控板的网络连接,设计了数个可以直接部署在家里和学校里的智能设备编程案例,例如开发一个安卓App来控制掌控板,或者使用掌控板控制小米Wi-Fi灯泡。这几个案例的重点在于将同学们的各种创意化为实实在在的产品,而不是课堂上为了理解知识而设计的"展示型"的小项目,让同学们在学习完掌控板之后能够真正地踏入利用开源硬件改进自己生活的道路中,成长为一个货真价实的"创客"。

本书由洪河条、谢作如负责策划,章苏静负责结构设计,洪河条负责修订,谢作如负责统稿,谢作如、季晨悦、朱纯艳、黄斯文负责具体案例的编写。

　　在本书编写过程中,得到了杭州飞鼠教育科技有限公司的大力支持(在内容设计、人员安排、整书的出版社对接以及经费等方面都提供了帮助),在此表示感谢。对于书中引用的资料,我们尽量注明了出处,但由于本书编写时间较为紧张,难免挂一漏万,如有遗漏,恳请告知,谢谢! 希望广大教师和学习者在使用本书的过程中,能给我们提供宝贵的意见和建议,以便我们进行修正。

作　者

2021年春于温州

目录

Contents

智能物联编程环境准备

一、硬件平台——掌控板

本书选择了掌控板作为物联网的智能终端。掌控板由"虚谷计划"组委会设计,委托深圳盛思研发,是一款为普及创客教育而设计的开源硬件。自2018年9月发布以来,掌控板得到广大中小学老师和创客的好评和热捧。

掌控板体积很小,在比名片还小的板子上集成了ESP32主控芯片及各种传感器和执行器,同时使用金手指的方式引出了所有I/O(input/output,即输入/输出)口,扩展性很好。掌控板的显示屏支持中文显示,金手指则支持市面上绝大多数的传感器和执行模块,如图1所示。

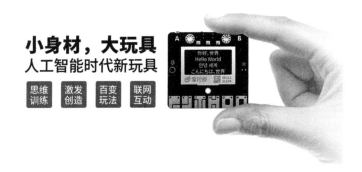

图1 掌控板

掌控板是中小学老师进行编程教育的好帮手,也是创客、编程爱好者的创作工具。使用掌控板可以学习Python编程,也可以造物,还可以轻松玩转物联网或者可穿戴应用。

二、软件环境——mPython

掌控板的编程工具很多,既有图形化形式编程的,也有代码形式编程的。图形化编程方面,名气较大的有 Mind+、mPython、慧编程、好好搭搭和腾讯扣叮等;代码方面的可以选择 BXY 和 Jupyter 等。

mPython 是盛思开发的掌控板编程工具,集成了图形化和代码编程两种功能,还提供了掌控板的仿真功能,以及串口调试、数据绘图功能,是中小学课堂上最受欢迎的掌控板编程工具之一。

mPython 是一个跨平台的图形化编程软件,支持 Windows、Mac OS 和 Linux 等操作系统。

下载地址:https://www.labplus.cn/handPy-app。

下载后双击安装程序,按安装提示一步一步执行即可,如图2、图3所示。

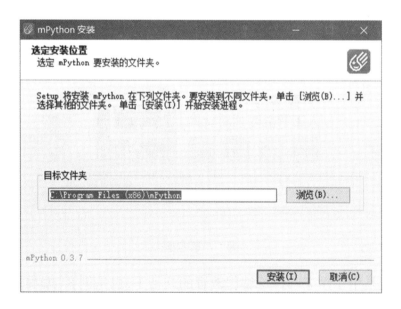

图2　mPython 安装位置的选择

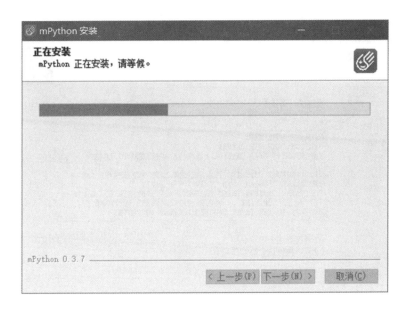

图1-3　mPython 的安装

注意:如果有安全软件提示,要点击"允许程序所有操作"。

掌控板和电脑连接需要安装串口驱动,mPython 已经将掌控板的串口驱动集成到软件中,请按照提示安装,如果已经安装过,则可以点击"取消"跳过。具体操作如图4～图6所示。

图1-4　mPython 的安装过程

图5　mPython 的安装许可协议

图6　mPython 的驱动安装

三、编写你的第一个掌控板程序

将掌控板连接到电脑,开始编写第一个程序吧!

通过以下三条指令,可以使掌控板屏幕第一行显示"Hello，world!"字样,如图7所示。

图7　参考代码

第一条指令的作用是清空屏幕,防止屏幕显示重叠。

第二条指令的作用是在屏幕第一行显示文本。

第三条指令使前面的屏幕修改指令生效,没有"OLED显示生效"指令,对OLED屏的任何修改指令都不会显示在屏幕上。

1.仿真模拟

mPython提供了仿真功能。如果手头没有掌控板,或者觉得将代码下载到掌控板进行测试有点耗费时间,那么就可以充分利用mPython的仿真功能了,如图8所示。

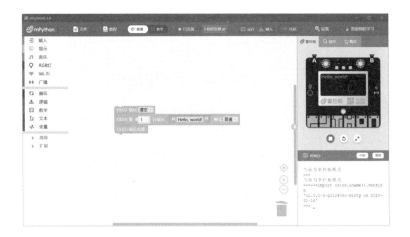

图8 mPython的仿真功能

2.程序下载

mPython可以通过"刷入"功能将程序下载到掌控板上。下载之前,要确定mPython界面的上方是否有"已连接"的提示,如图9所示。

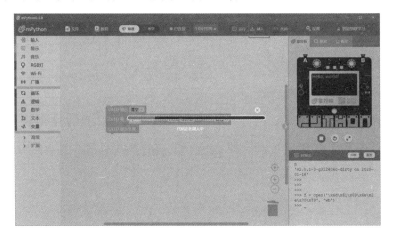

图9 下载程序前需要先连接掌控板

刷入成功后,就可以看到掌控板的屏幕上出现了"Hello,world!"的文字。这时,即使断开掌控板与mPython软件的连接,断开掌控板和电脑的连接,只要掌控板接上了电源(比如充电宝),都能执行下载的程序。

第一单元

神奇屏幕

任何算法和程序,都需要有输出环节,而屏幕是最基本的输出设备。掌控板上有一块64×128的OLED屏幕,能够显示文字和图片。借助这块小屏幕,我们可以设计出很多有趣的作品来。

这个单元的主题是"神奇屏幕"。在这个单元,我们将学会如何在屏幕上显示文字、图片,并且结合掌控板自带的按钮、声音、光线和加速度传感器,设计各种智能作品,初步了解掌控板的输入输出功能,以及mPython的基本语句。

本单元设计了六个循序渐进的小项目。项目围绕着屏幕显示展开,从静态到动态,逐步结合各种传感器。项目不仅仅涉及编程,还结合了数学、科学、语文等学科知识,是典型的STEAM项目。每一个项目都安排了两个小活动,并且设计了项目的拓展练习,学有余力的同学可以试着完成这些拓展练习。

电子标牌

大家一定都见过校徽吧？校徽、标牌、名片等，都是为了向公众展示特定的信息而制作的。我们可以用掌控板，来做一个与众不同的电子标牌。

一、项目描述

利用掌控板的OLED显示屏，显示文字和图片，制作有趣的小标牌，实现如下功能：

· 同时显示文字和图片；
· 文字和图片的位置安排合理，不重叠。

二、项目指导

1.显示文字

在mPython界面左侧的"显示"模块中，找到以下"显示文本"代码块，如图1-1-1所示。

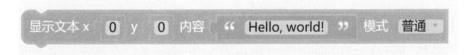

图1-1-1 "显示文本"代码块

要让文本"Hello，world！"显示出来，还需要加入"显示生效"代码块，如图1-1-2所示。

图1-1-2　"显示文本"程序代码

"清空"起什么作用呢？我们可以把掌控板的 OLED 显示屏看成一块黑板，为了使显示效果不受原来内容的影响，一般在执行新命令前，都要用"OLED 显示清空"进行清屏。

在图1-1-2中"内容"的位置可以输入自己想要的文本内容。

那如何控制文本的位置呢？掌控板的屏幕可以显示4行8列的中文字符，我们可以通过如图1-1-3所示的"行显示"指令来控制文字显示的位置。

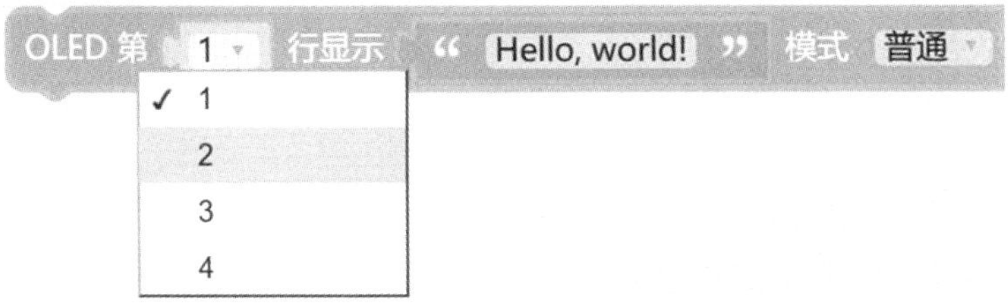

图1-1-3　"行显示"指令

其实我们显示的文本和图片是由一个个小点点组成的，而这些小点点就组成了屏幕，那我们可以通过确定小点点的位置来确定文本和图片的精确位置。掌控板屏幕水平方向有128个像素点，垂直方向有64个像素点，为了更加精准定位，我们可以用 x、y 来标识屏幕水平和垂直方向的位置，通过设定 x、y 的值来精确确定组成文本像素点的位置，从而改变文本的位置。

【思考】如果要在屏幕中央显示一个"好"字，其 x、y 值应该是多少？可以试着更改 x、y 值来调试一下。

将调试好的代码刷入运行到掌控板中，我们就可以在掌控板上任意位置显示自己想要的文字啦。显示效果如图1-1-4、图1-1-5所示。

图1-1-4　显示文字在屏幕第一行　　　图1-1-5　显示文字在屏幕中央

另外，mPython最大的亮点是有仿真区，在mPython界面的右侧，可以通过预览仿真区的显示效果来调试我们的代码。预览效果如图1-1-6所示。

图1-1-6　mPython仿真区

2.显示图片

在mPython界面左侧的"显示"模块中，找到"显示图像"代码块，并加入

"显示清空"和"显示生效"代码块。具体程序代码如图1-1-7所示。

图1-1-7　"在固定坐标显示图像"程序代码

同样,在"获取内置图像"中选择自己想要的图片,通过改变x、y值来改变图片在显示屏中的位置,也可以在右侧仿真区进行预览。仿真区显示效果如图1-1-8所示。

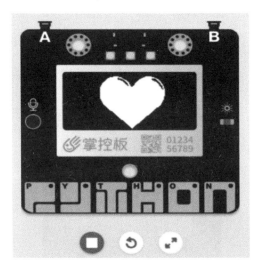

图1-1-8　"显示图像"程序在仿真区预览效果

三、项目实施

活动1:显示文字,并控制位置

1.活动步骤

(1)确定要显示在屏幕上的文字。我确定的文字是_____。

（2）确定文字要出现的位置。方式1：在_____行_____列。方式2：x坐标是_____，y坐标是_____。

（3）编写代码并测试效果。

2.参考程序和效果截图

参考程序如图1-1-9所示。

图1-1-9 "显示文本"程序代码

作品运行效果如图1-1-10所示。

图1-1-10 "显示文本"运行效果

3.可能遇到的问题

如果发现文字显示重叠了，请确认位置是不是正确，并检查是不是忘记了清屏。

活动2:显示图片,图文并茂

1.活动步骤

(1)确定要显示在屏幕上的文字和图片。我确定的文字是_____;我确定的图片是_____。

(2)确定文字和图片要出现的位置。文字:x坐标是_____,y坐标是_____。图片:x坐标是_____,y坐标是_____。

【小提示】大家也可以试着运用活动1来表示图文的位置。

(3)编写代码并测试效果。

2.参考程序和效果截图

参考程序如图1-1-11所示。

图1-1-11　"显示图像"程序代码

作品运行效果如图1-1-12所示。

图1-1-12　"显示图像"运行效果

3.可能遇到的问题

如果发现文字和图片显示重叠了,请确认文字和图片的位置是否正确。要想把标牌做得漂亮,要学点美术哦。

四、项目拓展

(1)学会了显示文字和图片,我们能不能让标牌闪烁起来?

【小提示】使用清屏效果,就可以呈现出闪烁的效果。

(2)除了闪烁的显示效果,我们可不可以尝试逐步显示文字和图片,让文字和图片动起来?

【小提示】改变文字或图片的坐标值,配合清屏效果,就可以让文字和图片动态显示。

五、项目交流

本项目只是简单地介绍如何显示图片和文字,但是文字和图片还可以做出其他显示效果,同学们可以根据下面的方式来评价自己的项目。

(1)基本功能:_____

(2)项目创新点:_____

(3)项目过程中遇到的问题:_____

(4)需要改进的地方:_____

六、知识链接

1.掌控板OLED显示屏

掌控板使用的是1.3英寸的OLED显示屏,如图1-1-13所示,能够显示黑白的图像和文字。

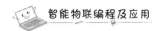
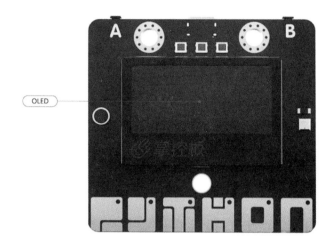

图1-1-13　掌控板OLED显示屏

　　OLED（Organic Light-Emitting Diode，有机发光二极管）又称有机电激光显示、有机发光半导体。OLED的优点是厚度小，重量轻；抗震性能好，不怕摔；可视角度大，即使在很大的视角下观看，画面仍然不失真；响应时间短；制造工艺简单，成本低；发光效率更高，能耗比LCD要低；能够在不同材质的基板上制造，可以做成能弯曲的柔软显示器。因为性能优异，OLED被认为是下一代的平面显示器应用技术。

　　2. 分辨率

　　分辨率指屏幕显示的像素个数。那什么是像素呢？一张图片实际上是由无数个小点点组成的，因为每个点比较小，所以你的眼睛会以为这是一张完整的图片。一个像素就可以理解为屏幕上的一个点。屏幕正是由多个像素点组成的。掌控板的分辨率为128×64的意思是水平方向（x方向）含有128个像素，垂直方向（y方向）含有64个像素。屏幕上一共有128×64个像素点。

　　坐标x、y值对应在屏幕横向、纵向的位置，如图1-1-14所示。

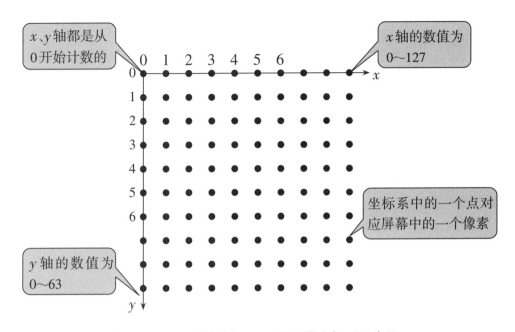

图1-1-14 掌控板OLED显示屏坐标系示意图

每一组 x、y 值都对应着屏幕上像素点的位置。例如 $x=0$，$y=0$ 对应着屏幕左上角位置的像素点；$x=0$，$y=63$ 就对应着屏幕左下角位置的像素点，如图1-1-15所示。

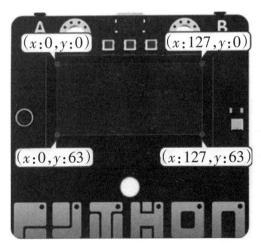

图1-1-15 掌控板OLED显示屏坐标点示意图

霓虹灯广告牌

每当夜幕降临的时候,街头的霓虹灯广告牌就开始闪烁了。广告牌的霓虹灯闪烁是为了传递信息,吸引游客的注意力。我们也可以用掌控板制作一个动态的广告小标牌。

一、项目描述

利用掌控板的OLED显示屏,制作动态广告小标牌,让广告动起来,实现如下功能:

·让不同的文字和图片交替显示;

·图文的交替变换要合理,有一定的主题。

二、项目指导

1.动态显示文字

在上一节制作"电子标牌"时,就提示过可以用"清空"来实现屏幕的动态呈现,通过如图1-2-1所示的代码,就可以让"Hello,world!"文字一闪一闪。

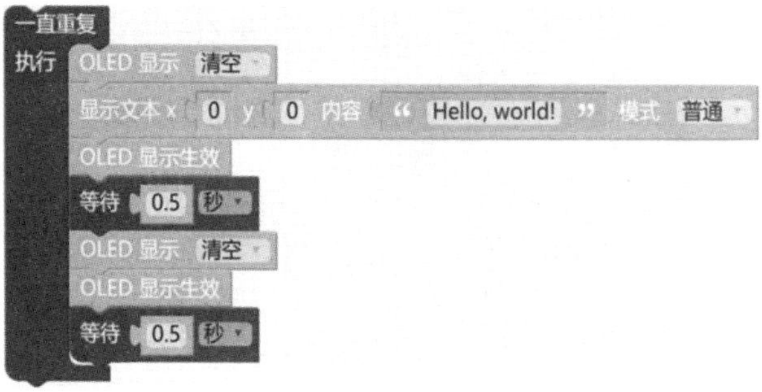

图1-2-1 "动态显示文字"程序范例

屏幕清空是为了使内容不受原来内容的影响,就像"擦黑板";等待指令是等待相应的时间再执行下面的程序,可以放缓语句执行的速度;循环执行指令是指反复执行循环范围内的语句。

如果执行前后使用了同样的文字,运行代码后,可以发现文字不断地显示、消失,呈闪烁状态。当然,前后可以使用不同内容的文字,也可以是不同位置的文字。

2.动态显示图片

同样,根据上述的描述,配合使用清屏块、等待块、循环块,就可以动态显示图片。如果图片之间前后有联系,就可以显示出动画的效果,如图1-2-2所示。

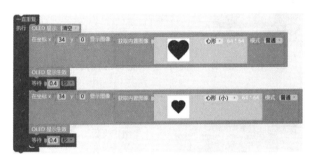

图1-2-2　"动画效果显示图片"程序范例

刷入运行代码,屏幕会呈现出一颗跳动的心。可以根据自己的喜好,制作不同的动画。

三、项目实施

活动1:文字交替显示

1.活动步骤

(1)确定你要表达的主题。如:让＿＿＿＿＿＿＿逐步出现。

(2)规划先后出现的文字。文字内容:＿＿＿＿＿;停留时间:＿＿＿＿＿。

(3)编写代码并测试效果。

2.参考程序和效果截图

参考程序如图1-2-3所示。

图1-2-3 "文字交替显示"程序代码

作品运行效果如图1-2-4~图1-2-6所示。

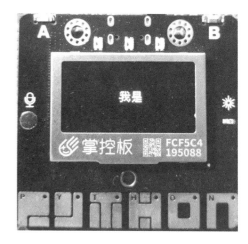

图1-2-4 "文字交替显示"运行效果1　　　图1-2-5 "文字交替显示"运行效果2

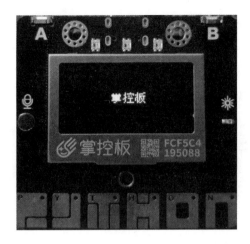

图1-2-6 "文字交替显示"运行效果3

3.可能遇到的问题

(1)如果发现文字和图片显示重叠了,请确认文字和图片的位置是否正确,并检查是不是忘记了清屏。

(2)如果发现文字交替速度过快或过慢,可以通过调整等待时间来控制速度。

活动2:图片、文字交替显示

1.活动步骤

(1)确定图文交替所要表达的主题。你要表达的主题是＿＿＿＿＿＿＿＿。

(2)规划文字和图片出现的顺序。

次序	内容	停留时间
1		
2		
⋮	⋮	⋮

(3)编写代码并测试效果。

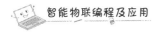

2.参考程序和效果截图

参考程序如图1-2-7所示。

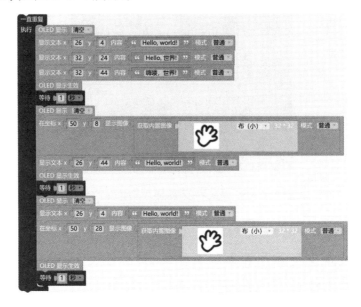

图1-2-7 "图片、文字交替显示"程序代码

作品运行效果如图1-2-8～图1-2-10所示。

图1-2-8 "图片、文字交替显示"
运行效果1

图1-2-9 "图片、文字交替显示"
运行效果2

图1-2-10 "图片、文字交替显示"运行效果3

3.可能遇到的问题

（1）如果发现文字和图片显示重叠了,确认文字和图片的位置是否正确,并检查是不是忘记了清屏。

（2）如果发现文字交替速度过快或过慢,可以通过调整等待时间来控制速度。

（3）如果发现主题不清晰,检查图片和文字出现的顺序是否正确,你要像一个"导演",合理安排"演员"的出场次序。

四、项目拓展

（1）在上述项目的基础上,尝试使用多张连续的图片,来制作一个动画小故事。

（2）除了使用延时等待效果制作图文动态显示,也尝试使用按钮来控制图文显示,如图1-2-11所示。

【小提示】屏幕显示图片配合按钮控制指令。

图1-2-11　按钮控制图文显示

五、项目交流

本项目介绍如何动态显示图片和文字。在此基础上,同学们可以制作属于自己的小动画,并从下面几个方面来评价自己的项目。

(1)基本功能:＿＿＿＿＿＿＿＿＿＿＿＿＿＿＿＿＿＿＿＿＿＿

(2)项目创新点:＿＿＿＿＿＿＿＿＿＿＿＿＿＿＿＿＿＿＿＿＿

(3)项目过程中遇到的问题:＿＿＿＿＿＿＿＿＿＿＿＿＿＿＿＿

(4)需要改进的地方:＿＿＿＿＿＿＿＿＿＿＿＿＿＿＿＿＿＿＿

六、知识链接

1.文字和图片的坐标值定义

掌控板上显示的文字和图片是由多个像素点组合而成的。掌控板的OLED屏幕具备如下特点:(1)所显示文字和图片的坐标值,对应文字或图片左上角的第一个像素点的位置;(2)每个中文字符占16×16个像素;(3)每个英文字符、数字、数学运算符号占16×8个像素。例如,中文字符占16×16个像素,其坐标值是指所在16×16个像素所组成范围的左上角的第一个像素点的位置。

2.掌控板显示自定义图片

掌控板中虽然已经内置了一些有趣的图片,但是同学们肯定希望能显示一些自己找的图片,比如卡通人物等。建议使用Photoshop、"画图"或者其他图片编辑软件进行图片格式转换。转换好格式的图片需要使用取模工具对图片进行取模,转换所得图片的像素大小应该为128×64,也就是掌控板屏幕的大小。所选的图片线条要分明,且颜色不能太过丰富。

　　这里我们使用Image2Lcd来对图片进行取模,软件界面如图1-2-12所示。Image2Lcd是一款工具软件,它能把各种格式的图片转换成特定的数据格式,即匹配单片机系统所需要的数据格式。

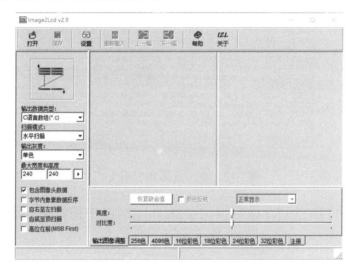

图1-2-12　Image2Lcd软件界面

　　在对图片取模的时候,注意参数的选择。

　　(1)输出数据类型:C语言数组;(2)扫描模式:水平扫描;(3)输出灰度:单色;(4)宽高:128×64。

　　我们可以适当调整亮度和对比度,直到图片显示清晰,再将其保存为“.c”后缀的文件。

　　最后,我们将保存的文件用记事本程序打开,去掉图1-2-13中标记出的首尾两行。复制中间的16进制图像数据。

图1-2-13　记事本打开".c"文件

将复制的16进制图像数据粘贴到图1-2-14中初始化列表后。

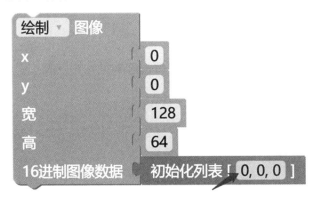

图1-2-14　16进制图像数据粘贴位置

将程序搭建好,即可将图片显示出来,如图1-2-15所示。

看一看,是不是很简单?

图1-2-15　"显示自定义文件"程序代码

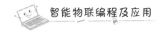

川剧中的变脸

变脸是我国传统戏剧川剧表演中的特技之一。当剧中人物的内心及思想感情发生重大变化的时候,演员脸上的脸谱就会发生变化,比如由红变白,再由白转青。利用掌控板,我们可以制作一个变脸小游戏,即当环境发生变化时,掌控板的图案也跟着发生变化。

一、项目描述

利用按键和声音,控制掌控板OLED显示屏上的图片变化,制作变脸小游戏,实现如下功能:
· 使用按键和声音控制切换图片;
· 图片切换效果要有趣且充满创意。

二、项目指导

1.按键控制

掌控板上部边沿有两个按压式按键A和B,如图1-3-1所示,按钮有"按下"和"松开"两个状态。

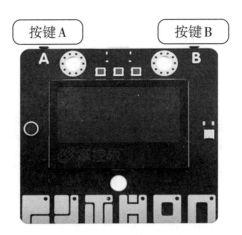

图1-3-1 掌控板按键位置显示图

mPython中提供了对A、B按键的判断代码,如图1-3-2所示。

图1-3-2 按键控制判断代码

例如,按键A按下,显示文字"Hello,world!",代码如图1-3-3所示。

图1-3-3 "按键控制显示文字"程序范例

当按键A被按下时,就执行"显示文本"代码命令。在程序执行过程中,要不停判断按钮状态。只有满足设定的按钮条件时,才执行相应的程序。同样,控制图片显示也可以使用这种方法。

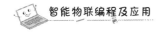

2.声音控制

掌控板左侧装有声音传感器,相当于麦克风,如图1-3-4所示的用于检测环境中声音大小的传感器。掌控板中用"声音值"来获取声音传感器数据。

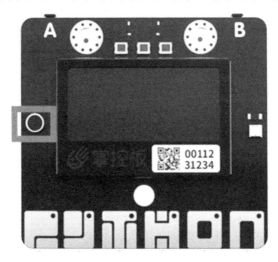

图1-3-4　掌控板声音传感器位置显示图

用声音来控制图文显示,还需要用到逻辑语句,如图1-3-5所示。如果声音值满足一定条件,就执行语句1,否则就执行语句2。插入文本显示或者图片显示语句,就可以用声音值来控制图文显示了。

图1-3-5　条件控制语句

例如,通过判断声音值的大小来控制文本显示,当声音值小于1000,就显示文本"你好";当声音值大于或等于1000,就显示文本"掌控板",如

图 1-3-6 所示。

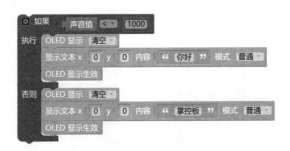

图1-3-6 "声音控制显示文字"程序范例

三、项目实施

活动1：用A、B键控制图片

1.活动步骤

(1)确定按键对应的图案及位置。按键A,图案：_____，位置：__
_____；按键B,图案：_____,位置：_____。

(2)编写代码并测试效果。

2.参考程序和效果截图

参考程序如图1-3-7所示。

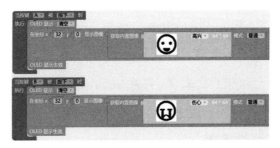

图1-3-7 "按键控制图片显示"程序代码

作品运行效果如图1-3-8、图1-3-9所示。

 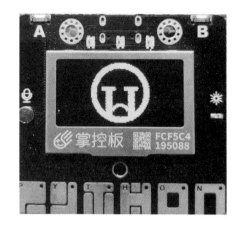

图1-3-8 "按键控制图片显示"运行效果1 图1-3-9 "按键控制图片显示"运行效果2

当按下A时显示图1-3-8,当按下B时显示图1-3-9。

3.可能遇到的问题

如果发现按键被按下后图案没有发生变化,请检查按键A、B状态是否正确。

活动2:用声音控制图片

1.活动步骤

(1)确定环境声音临界值,声音值超过多少为噪声? 声音临界值:_____。

(2)准备自定义图片。

【小提示】第一步,使用Photoshop、"画图"或者其他图片显示软件进行图片转换,注意图片的大小、长宽比,最后将图片保存成bmp格式;第二步,使用取模工具对图片进行取模;第三步,将生成的16进制图像数据复制到相应指令中;第四步,搭建程序,显示图片。

(3)编写代码并测试效果。

2.参考程序和效果截图

参考程序如图1-3-10所示。

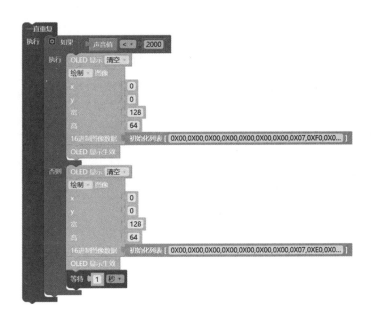

图1-3-10 "声音控制图片"程序代码

作品运行效果如图1-3-11、图1-3-12所示。

当声音传感器测量出环境声音小于2000,环境较为安静,则显示图1-3-11;否则,当声音大于或等于2000,环境较为嘈杂,则显示图1-3-12。

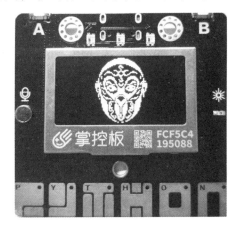 

图1-3-11 "声音控制图片"运行效果1 图1-3-12 "声音控制图片"运行效果2

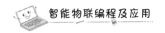

3.可能遇到的问题

(1)如果发现图案就变化了一次,检查是否加入了循环执行指令代码块。

(2)如果发现图案切换逻辑不正确,检查逻辑语句是否正确。

四、项目拓展

(1)活动2中给出了固定声音值作为判定条件,而声音值有一定的范围,可以尝试让图案与声音发生关联。

(2)尝试制作一个简单的噪声检测仪,来判断周边环境是否有噪音。

【小提示】多次嵌套使用条件判断语句:,对声音值范围进行细分判断。

五、项目交流

本项目介绍通过按键和声音来控制图片和文字显示的方法,同学们可以结合所学,做出有创意的作品,并从下面几方面来评价自己的项目。

(1)基本功能:_____

(2)项目创新点:_____

(3)项目过程中遇到的问题:_____

(4)需要改进的地方:_____

六、知识链接

1.按键传感器

掌控板自带两个按压式按键A和B,这两个按键也称为按键传感器,如图1-3-1所示。按键有"按下"和"松开"两个状态,是一种输入信号。

当按下按键时为低电平,否则为高电平。当按下时,电平从高变低,高电平(1)变为低电平(0)的过程,叫作下降沿。当按键松开时,电平从低变高,低电平(0)变为高电平(1)的过程,叫作上升沿。我们可以通过获取电平变化来获取当前按键状态,如图1-3-13所示。

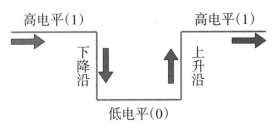

图1-3-13 按键不同状态的电压变化

2. if条件判断语句

程序在运行过程中,一般会用到条件判断流程,如图1-3-14所示。先判断条件是否成立,条件成立则执行指令中包含的语句;条件不成立,则跳过该指令,执行后面的语句。

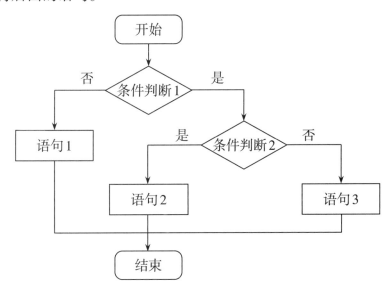

图1-3-14 条件判断流程图

mPython中提供了条件判断指令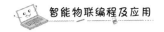,用于条件判断。

在条件语句内部一次或多次插入条件语句的方式,叫作条件语句嵌套,用于在原条件下,缩小判断范围,如图1-3-15所示。

图1-3-15　条件语句的嵌套

噪声监测仪

声音因物质的振动产生,以波的形式在一定的介质(如固体、液体、气体)中进行传播。但是当声音达到一定强度,就会成为噪声,会对人及周围环境造成不良影响,妨碍我们的正常休息、学习和工作,还会造成声音污染。我们可以利用掌控板上的声音传感器制作一个噪声监测仪。

一、项目描述

利用掌控板的声音传感器,制作一个噪声监测仪检测环境噪声污染的情况,实现如下功能:

· 在屏幕上实时显示声音传感器的数值;

· 用条形图来直观呈现声音数值。

二、项目指导

1.显示声音值

掌控板带有声音传感器,可以获取声音分贝数值,mPython也提供了获取声音分贝值的代码块,即"声音值"。要将获取的声音值显示在屏幕上,首先需要将声音值转化为文本,以文本的形式显示声音值;然后结合显示文本代码块,将把声音值转化为文本的代码块放入"内容"的位置,如图1-4-1所示。

图1-4-1 "显示声音值文本"程序范例

【思考】为什么要将分贝数值转化成文本形式？若要实时显示分贝数值，可以结合重复执行循环语句和清屏模块，不断更新数据。

2.显示条形图

掌控板中的进度条,形状和条形图几乎是一致的。我们可以用"显示进度条"语句,设置位置、宽、高、进度值,绘制出一个条形图。

与显示文本类似,在"显示"模块中找到以下"进度条"指令,用于显示进度条,进度值范围为0～100。

输入图1-4-2中的参数,屏幕中就会显示一个进度值为20的进度条,如图1-4-3所示。

图1-4-2 显示进度条

为了直观显示声音值,我们需要想办法将0～4095的声音值对应到0～100的进度值范围中。我们可以采用两种方法来解决这个问题。

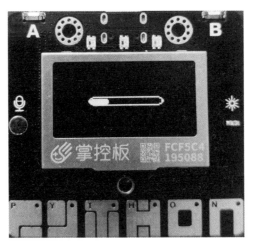

图1-4-3 进度条显示范例

方法1：通过映射将声音值范围从0～4095对应到0～100，如图1-4-4所示。

图1-4-4 映射代码块

方法2：使用数学方法。找出声音值中的最大值，转换为0～100，找出两者的数学关系，如图1-4-5所示。

图1-4-5 利用数学方法找出声音值范围与进度值范围的关系

【思考】声音值范围与进度值范围有怎样的关系？该如何使声音值范围对应到0～100？图1-4-5空白处应该如何填写？

三、项目实施

活动1：研究声音传感器，实时显示声音值

1.活动步骤

(1)了解掌控板声音传感器工作原理。声音传感器的数据返回值范围：＿＿＿＿＿＿＿＿＿＿＿＿＿＿＿＿＿＿＿＿＿＿＿＿＿＿＿。

(2)确定屏幕显示的内容、位置以及声音值的位置。内容：＿＿＿＿＿＿＿＿＿；位置：＿＿＿＿＿＿＿＿＿＿；声音值的位置：＿＿＿＿＿＿＿＿＿＿＿＿＿＿。

(3)编写代码并测试效果。

2.参考程序和效果截图

参考程序如图1-4-6所示。

图1-4-6 "实时显示声音值"程序代码

作品运行效果如图1-4-7、图1-4-8所示,屏幕会实时显示声音值大小。

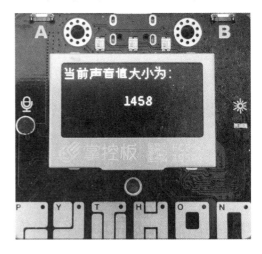

图1-4-7 "实时显示声音值"运行效果1   图1-4-8 "实时显示声音值"运行效果2

3.可能遇到的问题

如果发现声音值不显示,检查是否加入"OLED显示生效"代码块,或者声音值是否转化为文本形式。

活动2:加上进度条,直观呈现声音的大小

1.活动步骤

(1)将声音值的范围0~4095"映射"为0~100的进度值范围。挑战:请写出相应的数学计算过程。数学计算过程:_____。

（2）编写代码并测试效果。

【小提示】向传感器吹气和大喊一声的效果是一样的，公共场合不能影响他人哦。

2.参考程序和效果截图

参考程序如图1-4-9所示。

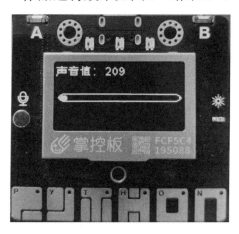

图1-4-9　"进度条直观显示声音"程序代码

作品运行效果如图1-4、图10~1-4-11所示。

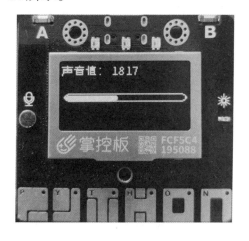

图1-4-10　"进度条直观显示声音"
运行效果1　　　　图1-4-11　"进度条直观显示声音"
运行效果2

3.可能遇到的问题

如果发现进度条显示不准确，检查进度条显示的"进度"设置的"映射"是

否正确,或者检查两者的数学关系是否正确。

四、项目拓展

(1)尝试制作一个噪声监测仪,当噪声持续一定的时间,屏幕会出现警报信息。

【小提示】使用变量,当声音大于噪声值时,变量加1,否则清零;当变量大于3就触发警报。

(2)我们学习了用进度条来显示声音值,那能不能用折线图或柱状图来显示呢?

五、项目交流

除了噪声监测外,同学们还可以想想,生活中哪些地方需要用到声音传感器? 然后设计一个有创意的作品,并从下面几个方面来评价自己的项目。

(1)基本功能:_____

(2)项目创新点:_____

(3)项目过程中遇到的问题:_____

(4)需要改进的地方:_____

六、知识链接

1.声音传感器

掌控板自带的麦克风又叫声音传感器,也可称为声敏传感器,用于检测环境中的声音,其返回值为0~4095。声音越大,数值越大。

声音传感器的种类很多,按测量原理可分为压电、电致伸缩效应、电磁感应、静电效应和磁致伸缩效应等。常见的声音传感器内置一个对声音敏感的电容式驻极体话筒,声波使话筒内的驻极体薄膜振动,导致电容的变化,继而产生与之对应变化的微小电压。这一电压放大后经过A/D转换,形成特定的数值。

2.噪声

噪声是一类引起人烦躁,因音量过强而危害人体健康的声音。从环境保护的角度来看,凡是妨碍人们正常休息、学习和工作的声音,以及对人们要听的声音产生干扰的声音,都属于噪声。从物理学的角度来看,噪声是发声体做无规则振动时发出的声音。对于掌控板测量到的声音,数值大于多少时算噪声,这需要结合标准的噪声监测仪来"标定"。

3.映射

映射指令是将某一范围的数值通过某种数学关系均匀对应到另一个范围的数值,即将某一范围的 x 值通过 $kx+b$ 的数学关系均匀对应到另一范围的 y 值,程序语句如图1-4-12所示。

图1-4-12　将[0,100]中的10映射至[0,200]

例如活动2中的参考程序,进度条可显示的数值范围为0~100,声音值的范围为0~4095,所以可以通过映射将声音值从0~4095对应到0~100,如图1-4-13所示。

图1-4-13　将数值范围[0,4095]的声音值映射为[0,100]

摇一摇

大家有没有使用过微信里的"摇一摇"功能？听歌时有没有用摇一摇手机来切换过歌曲？这是通过加速度传感器来触发特殊指令。掌控板也带有加速度传感器，我们可以利用掌控板的加速度传感器来制作一个电子骰子，摇出好心情。

一、项目描述

利用掌控板的加速度传感器，设计一个电子骰子，通过摇晃掌控板来控制，并实现如下功能：

·摇晃掌控板显示随机数字；

·绘制"骰子"图案，模拟显示真实"骰子"。

二、项目指导

1.摇晃掌控板

掌控板带有的加速度传感器（如图1-5-1所示的位置），是一种能够测量加速度的传感器，可以感受不同方向的速度变化。

图1-5-1 掌控板加速度传感器

mPython中还提供了对掌控板状态进行判断的代码块。

在程序执行过程中,要不断判断掌控板的状态。掌控板只有在满足设定的状态时,才能执行程序。

2.随机显示数字

首先,确定随机数字范围。这时需要运用mPython中"数学"模块中的随机数代码块。如果是模拟骰子,随机整数的范围可以设置为"从1到6之间的随机整数"。然后,随机数以文本的形式显示。

接下来,用代码块将随机数转为文本形式,再调用显示文本的代码块,将"内容"设置为转为文本形式的随机数。如图1-5-2所示。

图1-5-2 随机显示数字

3.绘制真实"骰子"图案

显示"骰子"的图案有很多方式,比如找6张图片,然后分别把它们显示出来,或者用代码来绘制图案。这里介绍用代码来绘制图案的方法。

要模拟如图1-5-3所示的有真实点数的骰子图案,也不困难,可以通过绘制圆来完成。

图1-5-3　真实骰子点数图案

第一步,绘制骰子的边框。这里绘制弧角边框来表示骰子的外壳,坐标位置、宽、高、半径的数据可以自己尝试调试,图1-5-4中的数据可供参考。

图1-5-4　边框绘制

第二步,骰子的点数,可以用实心圆来代替。先绘制点数1,如图1-5-5所示。

图1-5-5　点数1绘制

第三,绘制点数2。由于两个圆之间不能重叠,所以两圆之间的距离要大于两个半径之和(8个单位)。并且两个圆之间要有空隙,所以可以各平移10

个单位。以点数1的圆心坐标作为中心点，向$+x$、$+y$和$-x$、$-y$方向各平移10个单位，这样就可以得到关于对角线对称的两个圆。如图1-5-6所示。

绘制 实心 圆 x 54 y 22 半径 4
绘制 实心 圆 x 74 y 42 半径 4

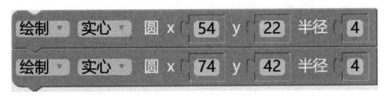

图1-5-6　点数2绘制

以同样的方法绘制点数3、4、5、6，如图1-5-7～图1-5-10所示。

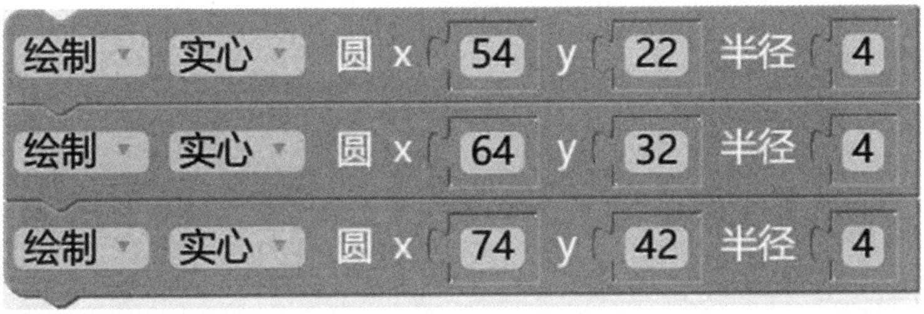
绘制 实心 圆 x 54 y 22 半径 4
绘制 实心 圆 x 64 y 32 半径 4
绘制 实心 圆 x 74 y 42 半径 4

图1-5-7　点数3绘制

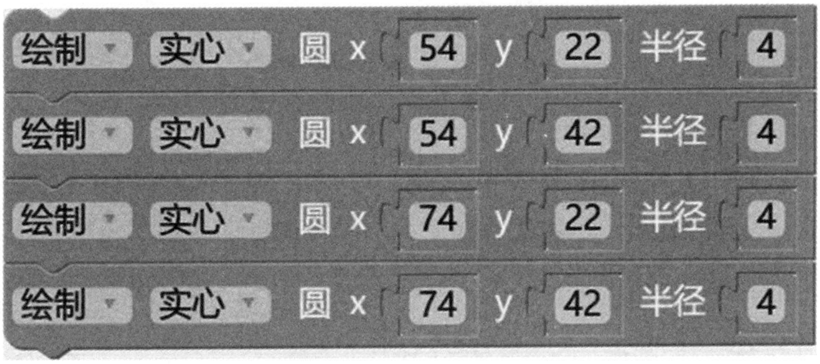
绘制 实心 圆 x 54 y 22 半径 4
绘制 实心 圆 x 54 y 42 半径 4
绘制 实心 圆 x 74 y 22 半径 4
绘制 实心 圆 x 74 y 42 半径 4

图1-5-8　点数4绘制

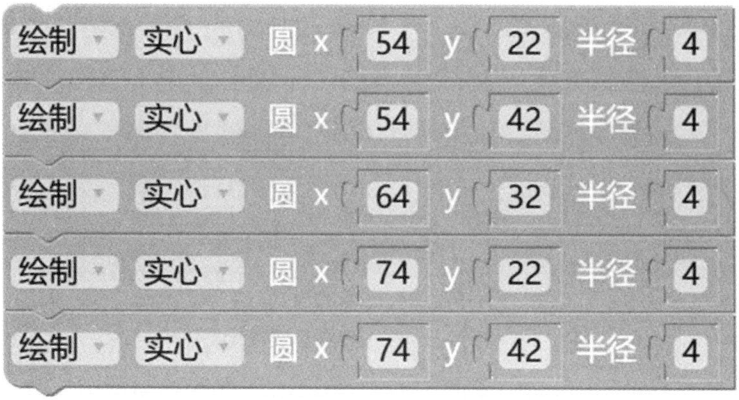

图1-5-9 点数5绘制

图1-5-10 点数6绘制

三、项目实施

活动1:摇一摇显示数字"骰子"

1.活动步骤

(1)确定数字"骰子"的数值范围。

数值范围:＿＿＿＿＿＿＿＿＿＿＿＿＿＿＿＿＿。

（2）编写代码并测试效果。

【小提示】请记录一下显示的数字，看看是不是真是随机的？

2.参考程序和效果截图

参考程序如图1-5-11所示。

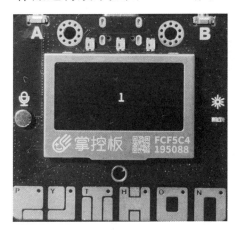

图1-5-11 "摇一摇显示数字骰子"程序代码

作品运行效果如图1-5-12、图1-5-13所示。

图1-5-12 "摇一摇显示数字骰子"运行效果1	图1-5-13 "摇一摇显示数字骰子"运行效果2

当掌控板晃动，屏幕会模拟骰子随机显示1~6的数字。

3.可能遇到的问题

如果发现摇晃掌控板不显示数字，检查掌控板设置判断是否正确，并检查随机数是否转化为文本形式。

活动2：摇一摇模拟出真实"骰子"图案

1.活动步骤

(1)确定各点数圆点的位置，用表格的形式表示出各点数圆点的位置。

(2)规划程序执行逻辑，用流程图表示出来。

(3)编写代码并测试效果。

2.参考程序和效果截图

参考程序如图1-5-14所示。

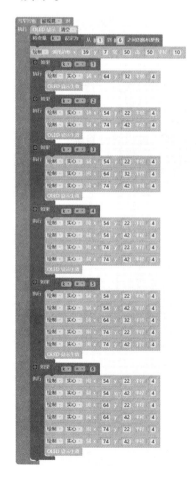

图1-5-14 "摇一摇模拟出真实骰子图案"程序代码

作品运行效果如图1-5-15～图1-5-17所示。

图1-5-15　点数1

图1-5-16　点数3

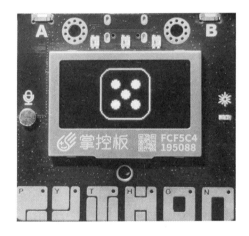

图1-5-17　点数5

3.可能遇到的问题

如果发现点数显示不准确,检查程序逻辑是否正确。

四、项目拓展

(1)模仿这个项目,制作一个"摇出好心情"的小游戏,用各种表达心情的

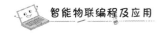

图片来替代点数。

(2)制作一个简易的计步器,记录我们的走路步数,需要研究一下如何让步数更加准确。

五、项目交流

本项目介绍了掌控板加速度传感器的简单应用,同学们可以结合生活实际,制作出具有个性化的作品,并从下面几个方面来评价自己的项目。

(1)基本功能:＿＿＿＿＿＿＿＿＿＿＿＿＿＿＿＿＿＿＿＿＿＿＿＿＿＿＿＿

(2)项目创新点:＿＿＿＿＿＿＿＿＿＿＿＿＿＿＿＿＿＿＿＿＿＿＿＿＿＿

(3)项目过程中遇到的问题:＿＿＿＿＿＿＿＿＿＿＿＿＿＿＿＿＿＿＿＿

(4)需要改进的地方:＿＿＿＿＿＿＿＿＿＿＿＿＿＿＿＿＿＿＿＿＿＿＿＿

六、知识链接

1.加速度传感器

加速度是用来表示物体速度变化快慢的物理量。加速度传感器则是一种能够测量加速度的传感器,通常由质量块、阻尼器、弹性元件、敏感元件和适调电路等部分组成。传感器在加速过程中,通过对质量块所受惯性力的测量,利用牛顿第二定律获得加速度值。根据传感器敏感元件的不同,常见的加速度传感器包括电容式、电感式、应变式、压阻式、压电式等。

掌控板自带的是一个三轴加速度传感器,其测量范围在$-2g$到$+2g$之间。将掌控板平放在桌面上,正面朝上,屏幕沿触摸键方向为x轴正方向,屏幕沿左边声音传感器方向为y轴正方向,屏幕垂直上方为z轴正方向,如图1-5-18所示。

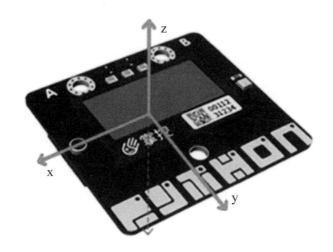

图1-5-18 掌控板加速度传感器

2. 变量

在活动2中的参考程序代码中,运用了变量k来存放随机数。

变量来源于数学,是计算机语言中用来储存计算结果或表示值的抽象概念。简而言之,变量相当于一个容器(草稿纸),用来存放可以变化的值。稍微复杂一点的程序,都会用到变量。

指南针

大家在生活中有没有见过指南针？有没有观察过指针的指向？磁体是有指向的,而地球是一个巨大的磁体,指南针就是利用这样的原理制作出来的。掌控板自带了地磁传感器,我们利用掌控板可以制作一个电子指南针。

一、项目描述

利用掌控板的地磁传感器,制作一个电子指南针,实现如下功能:
·显示指南针的方向数值;
·根据方向数值的规律,输出方向的文字。

二、项目指导

掌控板自带地磁传感器(图1-6-1中方框标出的位置),用于测量磁场的大小和方向。mPython中用"指南针方向"来获取指南针指针的方向角度。

图1-6-1　掌控板背面图

由于我们的身边到处都充满了磁场,对指南针会产生一些干扰,所以在使用指南针之前,应去除当前环境磁场干扰,校准指南针。mPython提供了"去除当前磁场环境"功能,以去除磁场干扰,提高指南针的准确度。

校准指南针时,开始运行程序,屏幕会显示校准步骤,如图1-6-2~1-6-3所示。

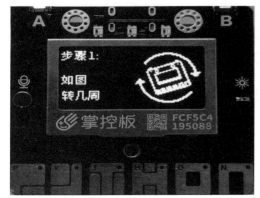
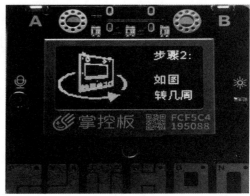

图1-6-2　掌控板校准指南针步骤1　　　　图1-6-3　掌控板校准指南针步骤2

按照步骤转动掌控板,即可完成指南针的校准。

想要显示指南针的角度数值,则需要像显示声音值一样,先将指南针方向转换成文本形式,然后利用"显示文本"代码块,使指南针方向数值显示在屏幕上,如图1-6-4所示。

图1-6-4　"指南针显示方向数值"程序代码

三、项目实施

活动1:校准、显示指南针的方向数值,输出当前方向、最大和

最小角度值

1.活动步骤

(1)初始化最大值和最小值。

最大值:＿＿＿＿＿＿＿＿＿＿＿;最小值:＿＿＿＿＿＿＿＿＿＿＿。

(2)规划程序执行逻辑。

用流程图来表示程序执行的逻辑,重点是如何比较指南针方向数值,得出最大值和最小值。

(3)编写代码并测试效果。

2.参考程序和效果截图

参考程序如图1-6-5所示。

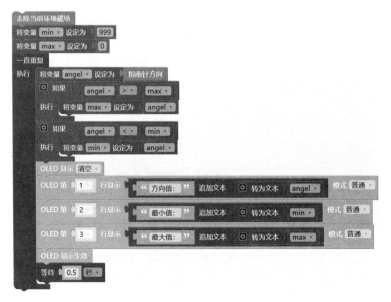

图1-6-5 "显示指南针方向数值、最大和最小角度值"程序代码

作品运行效果如图1-6-6所示。

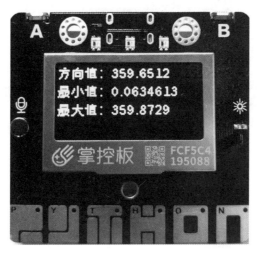

图1-6-6 "显示指南针方向数值、最大和最小角度值"运行效果

3.可能遇到的问题

如果发现最大值、最小值显示不正确,检查程序逻辑是否正确。

活动2:探究指南针的数值规律

1.活动步骤

(1)根据指南针方向数值,计算大致方位,写出方向角度与8个方位(包括东南、东北、西南、西北)的数学关系。

数学关系:_____。

(2)根据上述计算出来的结果,规划方向数值对应的8个方位。

(3)编写代码并测试效果。

2.参考程序和效果截图

参考程序如图1-6-7所示。

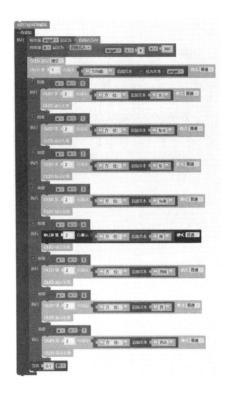

图1-6-7　"根据指南针方向数值判断方位"程序代码

作品运行效果如图1-6-8所示。

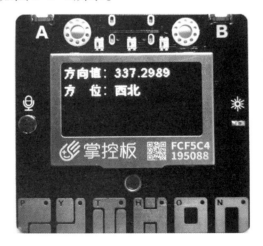

图1-6-8　"根据指南针方向数值判断方位"运行效果

3.可能遇到的问题

如果方位显示不准确,检查程序逻辑是否正确。

四、项目拓展

(1)我们知道利用掌控板可以测量磁场的大小和方向,那我们利用掌控板也可以制作一个仿真的指南针,在屏幕上显示指南针的表盘和指针。

【小提示】这是一个有难度的挑战,如果数学不错,请研究一下三角函数。

(2)在测量天气信息的时候,我们是依靠风向标获取当前的风向,如图1-6-9所示。但是,风向标又是如何知道箭头指向的是什么方向呢？请结合掌控板设计一个电子风向标。

图1-6-9 风向标

五、项目交流

本项目介绍了掌控板地磁传感器的简单应用,同学们可以根据其特点,制作出具有特色的作品,并从以下几个方面来评价自己的项目。

（1）基本功能：_____

（2）创新点：_____

（3）项目过程中遇到的问题：_____

（4）需要改进的地方：_____

六、知识链接

1.指南针的原理

指南针，又称指北针，其作用原理是磁极间的相互作用，同名磁极互相排斥，异名磁极互相吸引。地球本身就是一个巨大的磁体，称为地磁体，地磁体的南极在地理的北极附近，地磁体的北极在地理的南极附近，因此，地球上的小磁针可以自由转动并保持在磁子午线的切线方向上，磁针的南极指向地理南极（磁场北极），利用磁体的这一特性可以辨别方向，常用于航海、测量、军事等领域。

2.指南针的校准

有时候，某些外来磁场叠加会产生一个恒定磁场，这个磁场对指南针将造成影响，所以第一次使用时需要对指南针进行校准。校准方法有平面校准法、立体8字校准法等。

（1）平面校准法：让整个设备在水平平面内自转。

（2）立体8字校准法：将设备在空中做8字晃动，如图1-6-10所示。

图1-6-10　立体8字校准法

第二单元

趣味媒体

仅仅有屏幕是不够的,还要有声音,有颜色,因为这是一个多媒体的时代。掌控板上不仅集成按钮、触摸键、声音传感器、光线传感器等,还提供了多个输出模块。除了我们很熟悉的屏幕外,还有用来发出音乐声音的蜂鸣器及用来调制各种颜色的全彩LED灯。

这个单元的主题是"趣味媒体"。在这个单元,我们将综合使用各种传感器,结合屏幕、LED灯和蜂鸣器,设计各种有趣的智能作品,掌握常见的传感与控制的基本原理和方式,为物联网作品设计打下基础。

本单元设计了六个循序渐进的小项目。其中前面三个与全彩的LED灯相关;后面两个与音调控制、音乐合成相关;最后一个项目涉及无线遥控,可以初步体验无线连接的魅力。这些项目与生活的联系密切,拓展性强,发挥你的创意,一定能设计出与众不同的媒体作品来。

模拟夜景

大家见过美妙的夜景吗？繁华亮丽的霓虹灯牌不停闪烁，吸引着游客流连忘返。这些光怪陆离的色彩，一般是利用RGB三色的LED灯调配出来的。我们能不能用掌控板也创造出各式各样的霓虹灯效果呢？

一、项目描述

掌控板自带了三个RGB LED灯，利用掌控板的相关功能，制作酷炫的灯光秀，实现如下功能：

·让LED灯亮起不同的颜色；

·制作单色和多彩的流水灯效果，如图2-1-1所示。

图2-1-1　"流水灯"运行效果

二、项目指导

1.设置RGB灯的颜色

方法1:在mPython界面左侧的"LED灯"模块中,找到如图2-1-2所示的代码块,直接选择RGB灯的颜色。

图2-1-2　设置RGB灯颜色方法一

方法2:在mPython界面左侧的"LED灯"模块中,找到如图2-1-3所示的代码块,更改RGB参数,设置想要的颜色。

【小提示】如何设置出特定的颜色? 你可以用图片编辑软件中的"吸管",得到某种颜色的具体数值。

图2-1-3　设置RGB灯颜色方法2

2.让LED灯显示"流动"效果

逐次把LED灯点亮,然后关闭,由于视觉残留效应,就会看到一种"流动"的效果。例如,让某个RGB灯以三种颜色循环闪烁,代码如图2-1-4所示。

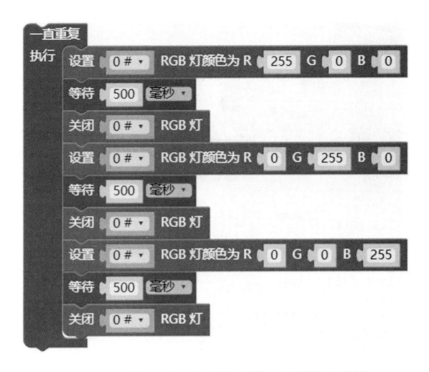

图2-1-4 "RGB灯以三种颜色循环闪烁"代码范例

三、项目实施

活动1：流水灯

1.活动步骤

(1)确定你想选择的LED灯颜色。颜色：＿＿＿＿＿＿＿＿。

(2)找到对应的RGB参数。R：＿＿＿＿＿＿；G：＿＿＿＿＿＿；B：＿＿＿＿＿＿。

(3)想一想亮灯的顺序：＿＿＿＿＿＿（灯的名称为0#、1#、2#）。

(4)编写代码并测试效果。

2.参考程序和效果截图

参考程序如图2-1-5、图2-1-6所示。

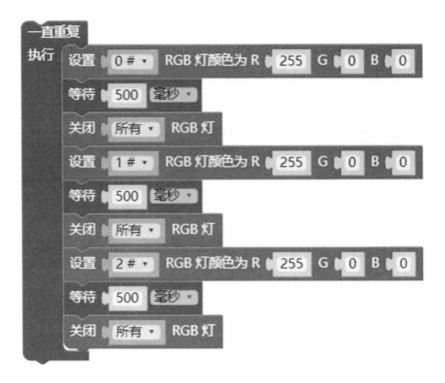

图2-1-5 "流水灯"程序代码范例(方法1)

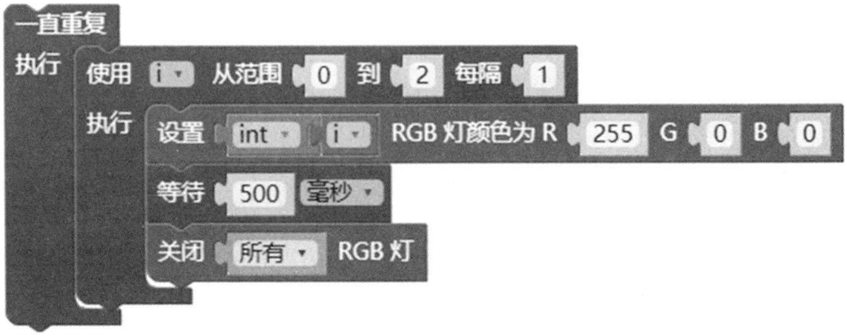

图2-1-6 "流水灯"程序代码范例(方法2)

作品运行效果如图2-1-7所示。

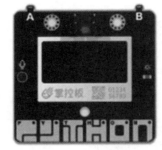

图2-1-7 "流水灯"运行效果

掌控板上的LED灯连续不断地以红色亮起。

3.可能遇到的问题

如果遇到灯一闪而过或完全不亮,请试着修改等待的时间,一般来说时间不能小于100ms。

活动2:改变色彩的流水灯

1.活动步骤

(1)确定你想选择的LED灯颜色。颜色1:_____;颜色2:_____;颜色3:_____。

(2)找到对应的RGB参数。颜色1:R为_____;G为_____;B为_____。颜色2:R为_____;G为_____;B为_____。颜色3:R为_____;G为_____;B为_____。

(3)想一想亮灯的顺序:_____(灯的名称为0#、1#、2#)。

(4)编写代码并测试效果。

2.参考程序和效果截图

参考程序如图2-1-8所示。

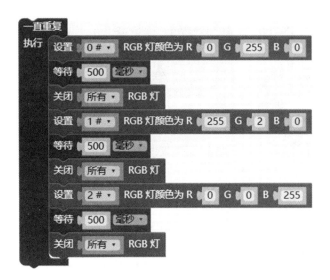

图2-1-8 "改变色彩的流水灯"程序代码

作品运行效果如图2-1-9所示。

图2-1-9 "改变色彩的流水灯"运行效果

掌控板上的LED灯连续不断地以绿、红、蓝的顺序亮起。

3.可能会遇到的问题

如果出现所有灯一起改变颜色,请检查颜色和灯是否一一对应。

四、项目拓展

(1)我们可以通过改变RGB参数,来设定LED灯的颜色,从而让流水灯更加漂亮。你还能让它更加酷炫吗? 比如,让LED灯的颜色随机显示。

【小提示】第一单元第五课中,我们学会了运用"数学"模块中的随机数代码块实现随机显示数字。那么你能否运用相应的代码块完成随机显示颜色呢?

(2)尝试用掌控板做一个手机中的呼吸灯。手机中的呼吸灯效果指LED灯缓慢地进行明暗闪烁,犹如人的呼吸。

五、项目交流

本项目与LED灯相关,虽然只涉及了流水灯的制作,但是它的应用范围非常广,如交通信号灯等。你能使用本节课所学,制作出哪些实用的设计?可以按照下面的步骤介绍项目。

(1)基本功能:＿＿＿＿＿＿＿＿＿＿＿＿＿＿＿＿＿

(2)项目创新点:＿＿＿＿＿＿＿＿＿＿＿＿＿＿＿＿

(3)项目过程中遇到的问题:＿＿＿＿＿＿＿＿＿＿＿

(4)需要继续努力的方向:＿＿＿＿＿＿＿＿＿＿＿＿

六、知识链接

1.LED灯

LED(Light Emitting Diode)的中文名叫发光二极管,是一种能够将电能转化为可见光的固态的半导体器件。LED的心脏是一个半导体的晶片,晶片的一端附在一个支架上,一端是负极,另一端连接电源的正极,使整个晶片被环氧树脂封装起来。LED可以直接发出红、黄、蓝、绿、青、橙、紫、白色的光。掌控板上有3个RGB LED灯,可单独控制且显示任意的颜色。如图2-1-10所示。

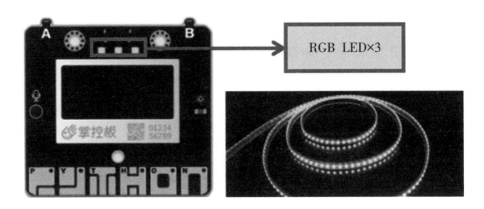

图2-1-10　掌控板上的3个RGB LED灯

2. RGB色彩

RGB色彩就是常说的光学三原色，R代表Red(红色)，G代表Green(绿色)，B代表Blue(蓝色)。自然界中肉眼所能看到的任何色彩都可以由这三种色彩混合叠加而成，因此，RGB模式也称为加色模式。

计算机定义颜色时R、G、B三种参数的取值范围是0~255。R、G、B均为255时就合成了白色，R、G、B均为0时就形成了黑色。表2-1-1中列出了RGB模式下常用颜色的参数值。

表2-1-1　RGB模式下常用的基本颜色

颜色名称	红色值(Red)	绿色值(Green)	蓝色值(Blue)
黑色	0	0	0
蓝色	0	0	255
绿色	0	255	0
青色	0	255	255
红色	255	0	0
亮紫色(洋红色)	255	0	255

续表

颜色名称	红色值（Red）	绿色值（Green）	蓝色值（Blue）
黄色	255	255	0
白色	255	255	255

　　需要说明的是，mPython中颜色是采用十进制，即数字0~255，而有些软件中颜色是采用十六进制，即00~FF。有兴趣的同学可以自行换算一下。

家居触摸灯

你的家里有没有这样一盏神奇的灯,没有开关按钮,没有多余的线路,只要伸出手轻轻触碰就能够点亮房间? 没错,它就是智能触摸灯。拥有强大的造物能力的掌控板,能帮我们实现吗? 同学们今天就来亲身实践一下吧!

一、项目描述

利用掌控板的6个触摸按键和LED,设计可以触摸控制的灯,实现如下功能:

·使用触摸按键控制灯的开关;

·触摸调节灯的亮度。

二、项目指导

1.触摸按键

位于掌控板正面下边沿的金手指是6个触摸按键(如图2-2-1所示),依次为P、Y、T、H、O、N,可监测是否被触摸。通过触摸按键,可控制电机、LED灯等。

在mPython界面左侧的"输入"模块中,我们可以根据需求选择如图2-2-2的两种代码块,实现触摸按键的功能。当触摸按键作为执行命令时,可选择①代码块;当触摸按键作为条件时,可选择②代码块。例如,触摸P按键,显示"掌控你的世界",代码如图2-2-3所示。

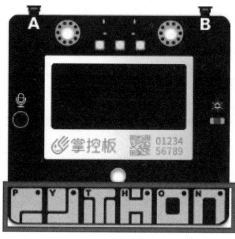

图2-2-1 掌控板触摸按键位置

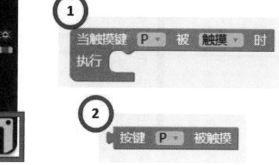

图2-2-2 触摸按键相关指令

图2-2-3 "触摸显示"程序范例

2.创建变量

变量是计算机语言中用来储存计算结果或表示值的抽象概念。变量可以通过变量名访问,作为指令式语言,变量通常是可变的。变量有两种类型,即属性变量和用户自己建立的变量。如何创建变量呢? 在mPython界面左侧的"变量"模块中,单击"创建变量"窗口,输入变量名"亮度",单击"确定"即会出现如图2-2-4所示的变量名为"亮度"的三个代码块。

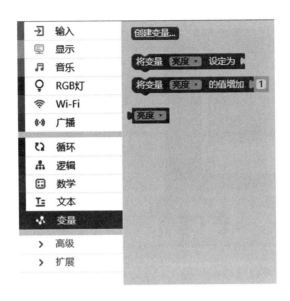

图2-2-4 "亮度"变量代码块

在创建变量时要注意:第一,我们必须给变量取一个有意义的名字;第二,变量创建后需要进行赋值,以便后续代码的编写。

三、项目实施

活动1:用"触摸"控制LED灯的开和关

1.活动步骤

(1)确定你想设置的触摸按键和LED灯的对应关系。

触摸键	LED灯	状态

(2)编写代码并测试效果。

2.参考程序和效果截图

参考程序如图2-2-5所示。

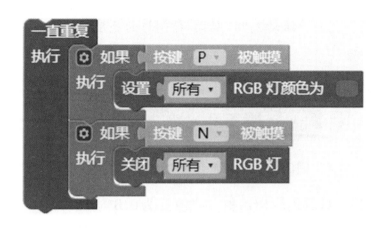

图2-2-5 "触摸按键控制LED灯开关"程序代码

作品运行效果如图2-2-6所示。

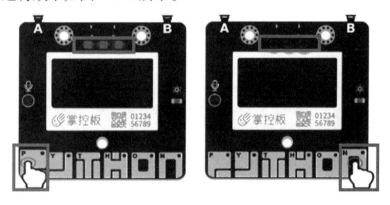

图2-2-6 "触摸按键控制LED灯开关"运行效果

当触摸按键P时,三个RGB LED灯全部被点亮,呈红色;当触摸按键N时,灯全部关闭。

3.可能遇到的问题

如果按下后松开手灯就熄灭,请检查是否加入了循环指令。

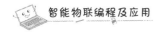

活动2:用“触摸”控制灯的亮度

1.活动步骤

(1)新建变量,命名为“亮度”;确定变量的初始值为0。如图2-2-7所示。

将变量 亮度 设定为 0

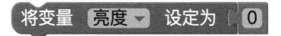

图2-2-7 “设置变量初始值”参考代码

(2)设置LED灯颜色的RGB值,R为0、G为0、B为0。如图2-2-8所示。

设置 0 # RGB 灯颜色为 R 亮度 G 0 B 0

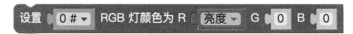

图2-2-8 “设置LED灯颜色”参考代码

(3)确定触摸变亮按键的指令:设定变量的值增加50。如图2-2-9所示。

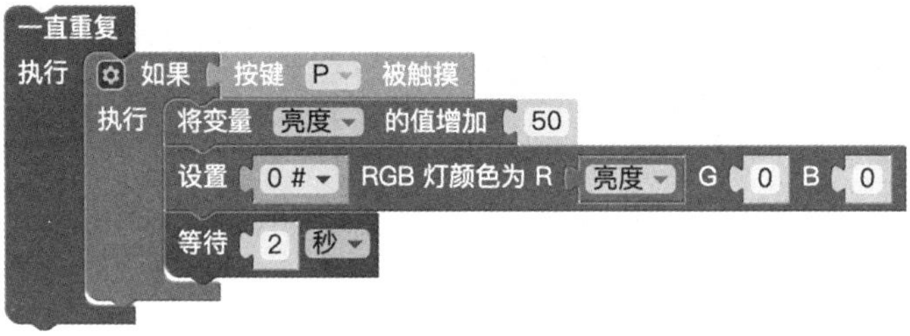

一直重复
执行
如果 按键 P 被触摸
执行 将变量 亮度 的值增加 50
设置 0 # RGB 灯颜色为 R 亮度 G 0 B 0
等待 2 秒

图2-2-9 “设置触摸变亮效果”参考代码

(4)确定触摸变暗按键的指令:设定变量的值增加-50。如图2-2-10所示。

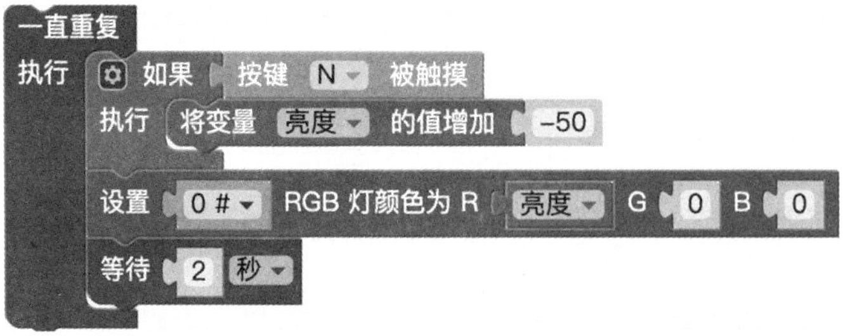

一直重复
执行
如果 按键 N 被触摸
执行 将变量 亮度 的值增加 -50
设置 0 # RGB 灯颜色为 R 亮度 G 0 B 0
等待 2 秒

图2-2-10 “设置触摸变暗效果”参考代码

（5）编写代码并测试效果。

2.参考程序和效果截图

参考程序如图2-2-11所示。

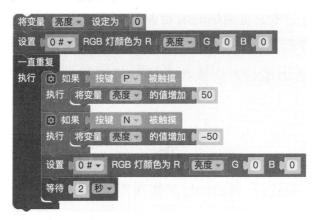

图2-2-11　"触摸灯"程序代码

作品运行效果如图2-2-12所示。

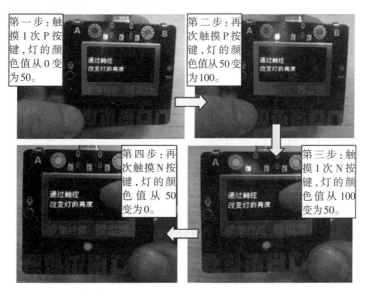

图2-2-12　"触摸灯"运行效果

3.可能遇到的问题

如果灯一开始就亮起或者无法变化,请思考是否设定了变量的初始值;如果灯的亮度没有发生变化,请检查灯的RGB值中有没有变量存在;如果亮度只能变化一次,请思考变量增加的值是否过大或过小;如果不管按下哪个触摸按键灯都变亮,请检查触摸变暗按键的增加值是否为负数;如果灯能够变亮,却不能够变暗,请思考是否应该在合适的位置添加"等待",并设定合适的时间。

四、项目拓展

(1)根据现在的代码,我们的灯只能在固定的位置亮灭,为了让触控更加灵活多变,你能尝试设计一段代码,实现通过触摸按键来控制灯光进行左右移动吗?

【小提示】在本课涉及的代码中,我们的变量都是灯的RGB参数,现在的变量是灯的位置。

(2)尝试用掌控板制作一个触控表情器。

五、项目交流

本项目与触摸按键相关,触摸按键可以控制的对象非常丰富,如设计触控类小游戏等,请你开动脑筋,根据下面的步骤介绍你的项目。

(1)基本功能:_____

(2)项目创新点:_____

(3)项目过程中遇到的问题:_____

(4)需要继续努力的方向:_____

六、知识链接

1.触摸传感器

掌控板上有触摸按键,6个触摸按键的金色区域为可触发区域。我们通过导体(能够导电的材料,如金属)去接触这些区域,掌控板都能监测到"触摸"的动作。

触摸是最简单、方便、自然的一种人机交互方式。用"触摸"控制的开关在生活中随处可见,比如智能手机上的触摸屏,各种开关面板。如图2-2-13所示是一款浴霸的触摸控制面板。

图2-2-13　浴霸的触摸控制面板

2.掌控板上的宝贝

掌控板上还有哪些宝贝?其实掌控板虽然看起来很小,却巧妙地集成了很多传感器和执行器等资源,如图2-2-14所示。对于这些资源,你知道它们的用途,并且能利用它们设计作品吗?

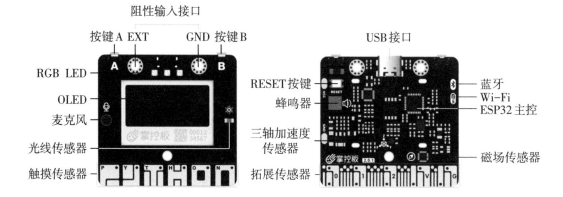

图2-2-14　浴霸触摸面板

彩色蜡烛

随着时代的发展,许多物品都已电子化,那么,你见过电子蜡烛吗?浪漫、温馨、狂欢都是它能创造出的氛围。用掌控板设计出独特的电子蜡烛,让你的生活和它一样流光溢彩。

一、项目描述

利用掌控板的光线传感器这一功能设计电子蜡烛,实现如下功能:

·利用光线值的大小点亮灯;

·摇晃掌控板熄灭LED灯;

·可以用嘴"吹灭"电子蜡烛。

二、项目指导

1.光线传感器

掌控板的正面右侧有一个光线传感器,可以感知周边环境光线的明暗变化。掌控板通过"输入"模块中的"光线值"代码块,获取光线传感器数据。

2.光线控制

想要利用外界光线的明暗来控制LED灯的开和关,还需要用到逻辑语句,通过组合下列"逻辑"模块中的代码块,设定光线值的范围作为判断语句的条件。如图2-3-1所示。

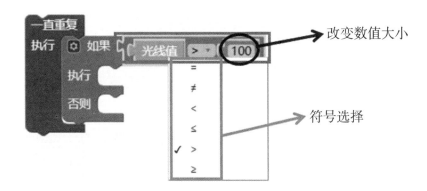

图2-3-1 "逻辑"模块组合范例

例如,若光线值大于100,打开全部LED灯,否则关闭所有LED灯,代码如图2-3-2所示。

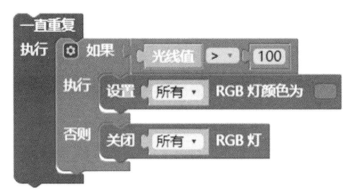

图2-3-2 设置代码

三、项目实施

活动1:用光"点"亮LED

1.活动步骤

(1)设置LED灯颜色的初始值。R为_____,G为_____,B为_____。

(2)当光线值大于100,LED灯颜色的RGB值是:R为_____,G为_____,B为_____。参考代码如图2-3-3所示。

图2-3-3 参考代码

（3）编写代码并测试效果。

2.参考程序

参考程序如图2-3-4所示。

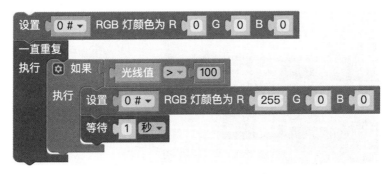

图2-3-4 "用'光'点亮LED灯"程序代码

3.可能遇到的问题

如果灯一直暗着,检查LED灯颜色的初始值是否包含在循环语句里。

多大的亮度可以"点亮"LED? 请经过测试,选择一个合适的数值。

活动2:增加"吹灭"功能

1.指令讲解

（1）当声音值大于100,LED灯颜色的RGB值是:R为_____,G为_____,B为_____。参考代码如图2-3-5所示。

图2-3-5 参考代码

（2）编写代码并测试效果。

2. 参考程序

参考程序如图2-3-6所示。

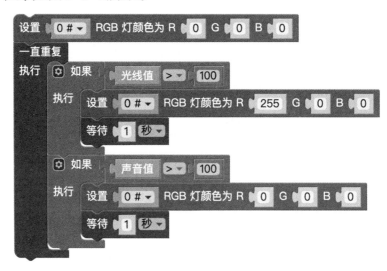

图2-3-6 "用光'点亮'，用声'吹灭'"程序代码

3. 可能遇到的问题

如果增加的吹灭效果会导致活动1的效果消失，请检查放置此判断语句的位置是否嵌套。

四、项目拓展

（1）普通的蜡烛在被点燃时是逐渐变亮的，为了让我们的电子蜡烛更加仿真,你能让LED灯根据外界光线的变化而越来越亮或暗吗?

【小提示】通过循环语句的嵌套实现该功能,可参考呼吸灯的代码。

(2)你能尝试着用掌控板制作一个光感路灯吗? 当环境光弱时,路灯逐渐变亮;当环境光强时,路灯逐渐变暗。

五、项目交流

本项目与光线传感器相关。光线传感器在智能家居中起到了很大作用,如智能窗帘的开关等,请你开动脑筋,根据下面的步骤介绍你的项目。

(1)基本功能:_____

(2)项目创新点:_____

(3)项目过程中遇到的问题:_____

(4)需要继续努力的方向:_____

六、知识链接

1.光线传感器的应用

光线传感器也叫作亮度传感器,英文名称为Light-Sensor,如图2-3-7所示。光线传感器的应用非常广泛,我们最熟悉的就是它在智能手机中的应用了,在智能手机里,如果把屏幕亮度设置为自动模式,那么手机屏幕的亮度,就会随着周围环境光线的改变而改变。

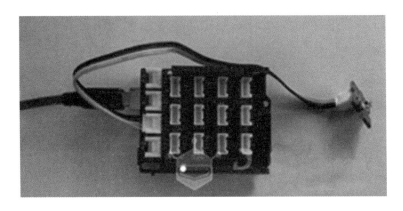

图2-3-7　Grove光线传感器

　　光线传感器是用光敏电阻制作而成的。当光照强时,电阻值小,通过电路中的电流就会比较大;当光照弱时,电阻值大,通过电路中的电流就会比较小。光线传感器就是通过这个特性来感测光线强弱的。

　　2.呼吸灯的参考代码

　　呼吸灯的参考代码如图2-3-8所示。

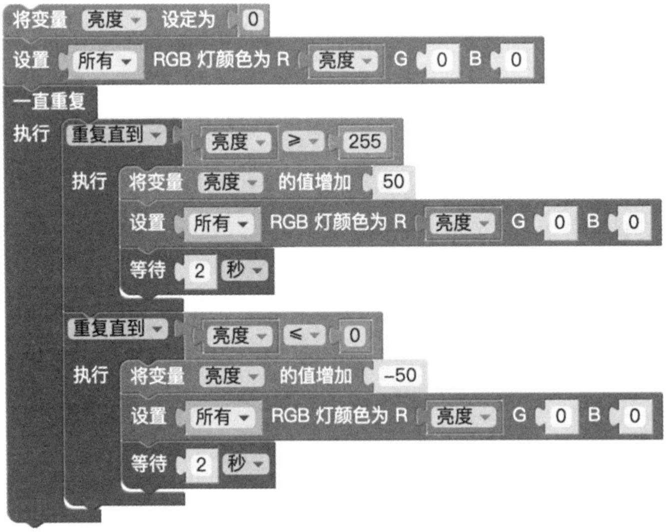

```
将变量 亮度 设定为 0
设置 所有 RGB 灯颜色为 R 亮度 G 0 B 0
一直重复
执行  重复直到  亮度 ≥ 255
      执行  将变量 亮度 的值增加 50
            设置 所有 RGB 灯颜色为 R 亮度 G 0 B 0
            等待 2 秒

      重复直到  亮度 ≤ 0
      执行  将变量 亮度 的值增加 -50
            设置 所有 RGB 灯颜色为 R 亮度 G 0 B 0
            等待 2 秒
```

图2-3-8　"呼吸灯"参考代码

生日贺卡

生日贺卡是我们生活中祝福别人的常见方式,但是你的生日贺卡还只是在一张纸上写着几个字的祝福语吗?动动脑筋,利用掌控板让你的生日贺卡更具有信息时代的新意吧!

一、项目描述

利用掌控板设置音乐的功能,设计会唱歌的生日贺卡,实现如下功能:
·使用按键播放和停止歌曲;
·使用按键切换歌曲。

二、项目指导

1.用蜂鸣器播放音乐

蜂鸣器是一种能够发出声音的器件,采用直流电压供电,广泛应用于计算机、打印机、电子玩具、汽车电子设备、电话机、定时器等电子产品中,做发声器件。掌控板背面有一个蜂鸣器(如图2-4-1所示),可发出不同音高的音,还可以播放音乐。

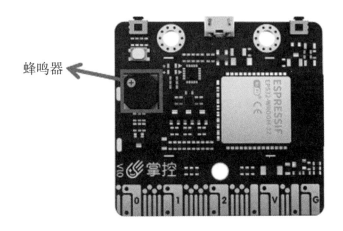

图2-4-1　蜂鸣器位置

2.播放和停止音乐

在我们的"音乐"模块中,如图2-4-2所示的三种代码块都能实现让掌控板播放音乐的功能,但是又有不同之处。第一个代码块可实现播放内置音乐的功能;第二个代码块可实现播放内置音乐直到完成的功能;第三个代码块则可对播放的内置音乐设置等待模式或循环播放。通过下拉菜单可以选择不同的内置音乐。

图2-4-2　"播放音乐"相关指令

想要停止播放音乐,在适当的位置添加 停止播放音乐 引脚 默认▼ 代码块即可。

三、项目实施

活动1:会唱歌的"贺卡"

1.活动步骤

(1)你想要播放的音乐名字是_____。

(2)你想用什么方式控制音乐播放?请填写下表。

控制方式	音乐状态	屏幕提示

填写范例:

控制方式	音乐状态	屏幕提示
光线亮	播放	祝你节日快乐
光线暗	停止	无

(3)编写代码并测试效果。

2.参考程序和效果截图

参考程序如图2-4-3所示。

图2-4-3 "光线激活贺卡'唱歌'"程序代码

3.可能遇到的问题

如果光线亮时没有播放相应歌曲,或者光线暗时没有停止播放音乐,请检查光线传感器的数值设置是否合理。

活动2:按下按钮切换不同音乐

1.活动步骤

(1)新建变量,命名为_____;确定变量的初始值为_____。

(2)按下按钮的累计次数为_____时,播放音乐;按下按钮的累计次数为_____时,播放音乐_____;按下按钮的累计次数为_____时,播放音乐_____。

(3)编写代码并测试效果。

2.参考程序和效果截图

参考程序如图2-4-4所示。

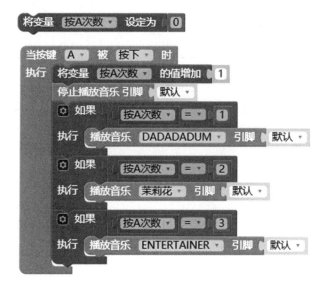

图2-4-4　"按钮切换音乐"程序代码

3.可能遇到的问题

如果歌曲自动循环播放无法切换,请检查"停止播放音乐"指令是否在判断语句外。

四、项目拓展

(1)改造一个真正的贺卡或者礼盒。把掌控板放在贺卡的中间或者礼盒的里面,一旦打开,就开始唱歌。

(2)用掌控板制作一个迷你版音乐播放器,使用触摸按键切换歌曲,使其在不同的歌曲播放时亮起不同的灯光。

五、项目交流

本项目可以帮助你学习控制音乐的播放和停止,不同的音乐可以代表不同的环境、心情等,请你开动脑筋,根据下面的步骤介绍你的项目。

（1）基本功能：＿＿＿＿＿＿＿＿＿＿＿＿＿＿＿＿＿＿＿＿＿

（2）项目创新点：＿＿＿＿＿＿＿＿＿＿＿＿＿＿＿＿＿＿＿＿

（3）项目过程中遇到的问题：＿＿＿＿＿＿＿＿＿＿＿＿＿＿＿

（4）需要继续努力的方向：＿＿＿＿＿＿＿＿＿＿＿＿＿＿＿＿

六、知识链接

1.使用掌控板播放MP3文件

掌控板内置的歌曲实在是太少了，你能想想办法扩充它的曲库，让掌控板播放更多的MP3格式的歌曲吗？你需要一块支持音频格式的扩展板或者带功放(功率放大器)的小音箱。

第一步，需要我们在扩展面板中添加"音频"模块。如图2-4-5所示。

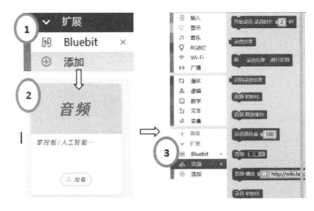

图2-4-5　添加"音频"模块

第二步，我们选择下图的代码块进行MP3文件处理，如播放对应文件位置的MP3音乐(如图2-4-6所示)。

音频 播放 " http://wiki.labplus.cn/images/4/4e/Music_test.mp3 "

图2-4-6　"音频播放"指令

2.掌控板的文件管理

文件管理是操作系统的五大职能之一。所谓文件管理,就是对操作系统中实现文件统一管理的一组软件、被管理的文件以及实施文件管理所需要的一些数据结构的总称(是操作系统中负责存取和管理文件信息的机构)。如图2-4-7所示。

图2-4-7　掌控板文件系统

从系统角度来看,文件系统对文件存储器的存储空间进行组织、分配和回收,负责文件的存储、检索、共享和保护。从用户角度来看,文件系统主要是实现"按名取存",文件系统的用户只要知道所需文件的文件名,就可存取文件中的信息,而无须知道这些文件究竟存放在什么地方。掌控板能实现文件的创建、读取、删除、导入、导出等基本操作。

触控钢琴

你还在为无法买下昂贵的钢琴而苦恼吗？还在为无法随时随地练习谱子而无措吗？不如用掌控板创造一架可以随身携带的"钢琴"吧！用自己设计的"钢琴"演奏乐曲，效果自然不同。

一、项目描述

利用掌控板的触控功能和音乐功能，设计一款简易的口袋钢琴，能够实现如下功能：

·完成简谱和音符之间的转换；

·把音符连成生日歌的曲调；

·使用触摸按键制作一个小钢琴。

二、项目指导

1. 乐理知识

在 mPython 中，音阶由数字表示。0是最低阶，3代表低音阶，4代表中音阶，5代表高音阶，8是最高音阶。例如，C4:4——对应 do；4对应中音；第二个4对应1拍。G4:8——G 对应 la；4对应中音；8对应2拍。如图2-5-1所示。

音阶	音调	C	D	E	F	G	A	B
3	低音	1	2	3	4	5	6	7
4	中音	1	2	3	4	5	6	7
5	高音	1	2	3	4	5	6	7

图2-5-1 音调音阶对应表

例如,《两只老虎》的音乐曲谱转换如图2-5-2所示。

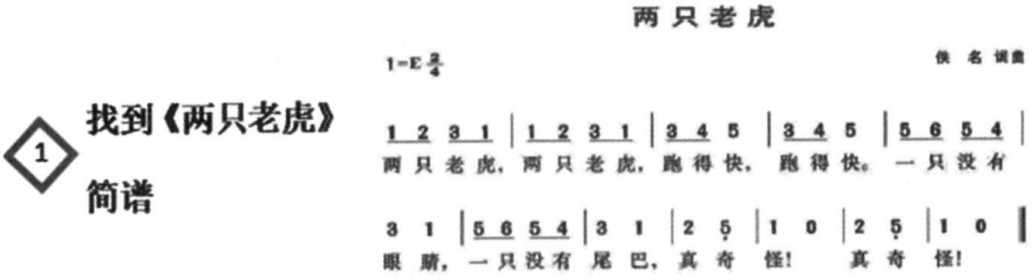

音符在mPython对应的字母							
简谱数字	5（低音）	1	2	3	4	5	6
音阶音调	低G	中C	中D	中E	中F	中G	中A
对应音符	G3	C4	D4	E4	F4	G4	A4

2 音符转换

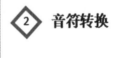

图2-5-2 《两只老虎》乐谱转换

2. 音符播放

掌控板不仅可以播放歌曲,还能够播放单个音,我们可以把单个音连接起来,创作出动听的歌曲。例如,按顺序循环播放中音的“do、re、mi、fa、sol、la”,代码如图2-5-3所示。

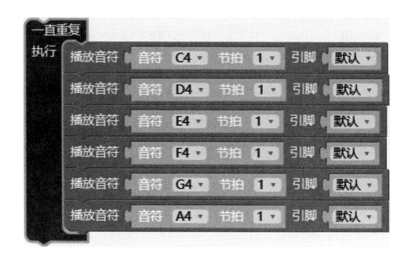

图2-5-3 "顺序播放音符"程序范例

三、项目实施

活动1：调出生日歌的音调

1.活动步骤

(1)对照项目指导中的表格,将生日快乐歌的简谱转换成相应的音符。

简谱	转换后的音符

(2)编写代码并测试效果。

2.参考程序

参考程序如图2-5-4～图2-5-6所示：

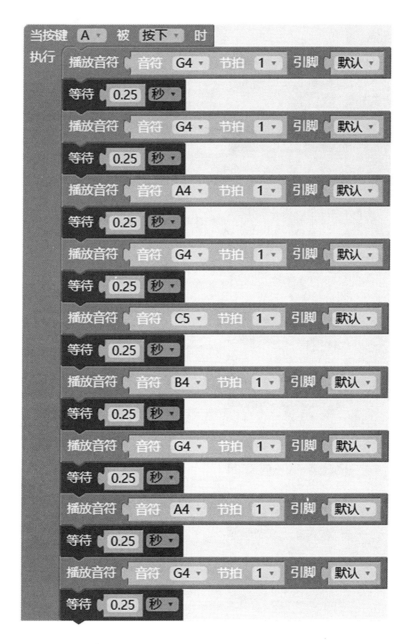

图2-5-4 "播放生日歌"程序代码1

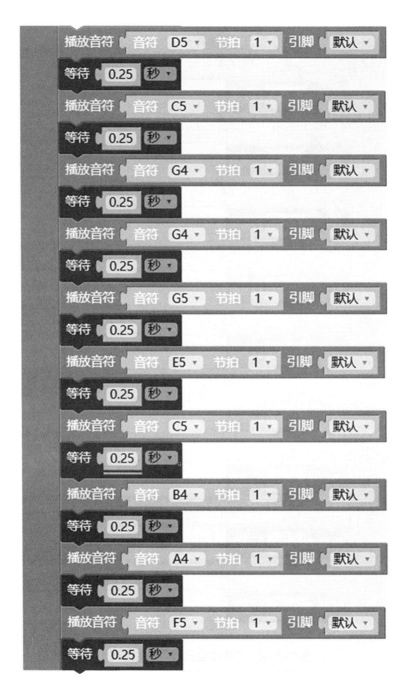

图2-5-5 "播放生日歌"程序代码2

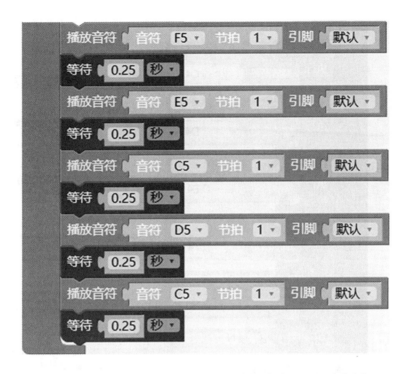

图2-5-6　"播放生日歌"程序代码3

3.可能遇到的问题

如果播放的乐曲节奏不对,请检查等待的时间是否正确。

活动2:用六个触摸按键做小钢琴

1.活动步骤

(1)对照项目指导中的表格,找到掌控板中"do、re、mi、fa、sol、la"所对应的音符。

(2)对应不同的触摸按键,设置不同的音符。

(3)编写代码并测试效果。

2.参考程序

参考程序如图2-5-7所示。

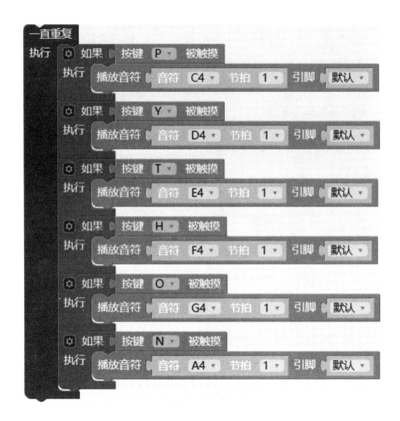

图2-5-7 "触摸小钢琴"程序代码

3.可能遇到的问题

如果触摸按键播放的音符调子有差别,请检查音符的选择是否正确、节拍是否一致。

四、项目拓展

(1)能不能使用列表功能,让控制音乐播放的语句变得简洁呢?

【小提示】参考如图2-5-8所示的代码,"C4:4"等同于音符"C4",节拍为1拍。

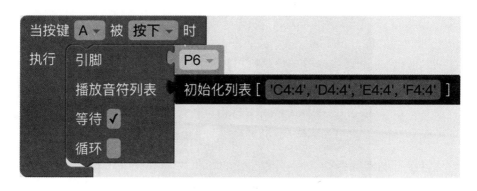

图2-5-8　"播放音符列表"程序范例

（2）掌控板只有六个触摸按键，但是现在我们使用的是七声音节，有没有简单的解决方案？

【小提示】可以给掌控板再外接一个触摸传感器。

五、项目交流

本项目与音符节拍相关，你能创作出独一无二的专属乐曲吗？请你开动脑筋，根据下面的步骤介绍你的项目。

（1）基本功能：_____

（2）项目创新点：_____

（3）项目过程中遇到的问题：_____

（4）需要继续努力的方向：_____

六、知识链接

1.掌控板的扩展引脚

掌控板背面下边沿的金手指是通用拓展接口，它将掌控板的输入输出引脚接出，用来控制更多的外接设备，实现更丰富的创意。如图2-5-9、图2-5-10所示。

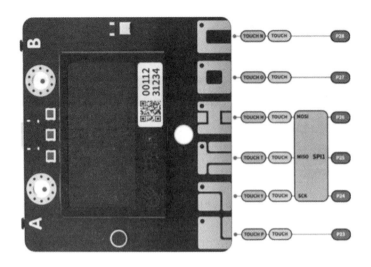

图2-5-9　掌控板正面引脚示意图

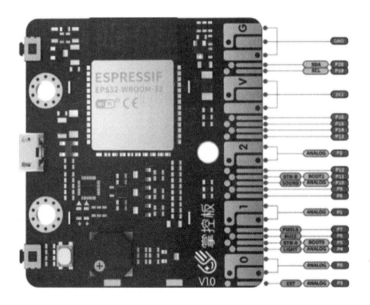

图2-5-10　掌控板背面引脚示意图

　　引脚,又叫管脚,英文叫Pin,就是从集成电路(芯片)内部电路引出与外围电路的接线,所有的引脚就构成了这块芯片的接口。很多创客企业给掌控板设计了扩展板,如图2-5-11所示。通过这类的扩展板,掌控板就能连接更多的传感器和执行器。

图2-5-11　DF设计的掌控板扩展板

2.mPython中的列表

列表(list)是Python的重要数据类型。我们可以把列表想象成一格格的抽屉,里面存放着很多的数据。需要的时候,就根据编号取出或者写入想要的数据。一般来说,有一组数据需要存储时,我们都会选择列表。

遥控家电

对于遥控器,大家一定都不陌生,谁家里没有几个可以遥控的电器呢? 其实,掌控板也可以实现无线遥控功能,我们不仅可以用掌控板来控制其他的掌控板,还可以使掌控板之间相互传送信息呢。

一、项目描述

使用掌控板的广播功能,设计多个掌控板间的无线通信协议,通过无线遥控的方式实现如下功能:

·使用两块掌控板,利用广播功能,一块发送,一块接收;

·用按钮控制另一块板的LED灯;

·模拟"接龙游戏",一块发送指令,其他板接收指令后点亮LED并继续转发,形成LED灯逐个点亮的效果。

二、项目指导

1.认识掌控板广播

掌控板提供2.4G的无线射频通信,共13个频道,可实现一定区域内(10米左右)的简易组网通信。打开无线广播后,在相同通道下,成员可接收广播消息。如图2-6-1所示。

图2-6-1 "打开并设置无线广播"程序范例

2.发送无线广播

使用"无线广播发送"指令可在当前广播频道内广播信息,在同一无线广播频道内的掌控板都可以接收到该信息。

3.接收无线广播

广播的消息会发送给当前频道内的所有掌控板,它相当于一个大喇叭,把指定无线广播消息发送出去,其他掌控板通过 `无线广播 接收消息`

`当 收到特定无线广播消息 on 时 执行` `当 收到无线广播消息 msg 时 执行` 指令判断消息并做出反应(如图2-6-2)。只要程序没停止,设备就会一直等待并接收指定的广播消息。

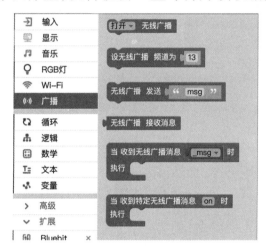

图2-6-2　广播指令模块

三、项目实施

活动1:广播发送并接收消息

1.活动步骤

(1)确定广播频道。我确定的频道号是＿＿＿＿＿＿＿＿＿＿＿。

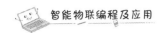

(2)确定发送广播的指令和消息。指令1:当按下(触摸)_____键时,发送内容为_____的广播。指令2:当按下(触摸)_____键时,发送内容为_____的广播。指令3:当按下(触摸)_____键时,发送内容为_____的广播。……

(3)确定接收到广播时的显示。当接收到广播时,屏幕显示_____。

(4)连接掌控板a,编写广播发送代码,测试并刷入程序。

(5)连接掌控板b,编写广播接收代码,测试效果。

2.参考程序和效果截图

参考程序如图2-6-3、图2-6-4所示。

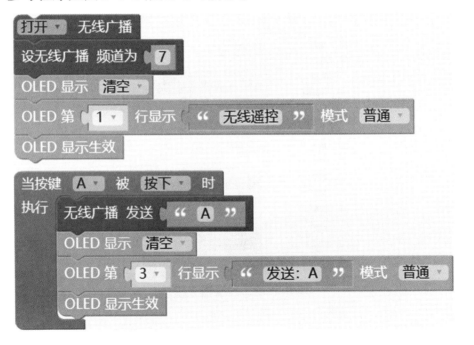

图2-6-3　"广播发送消息"程序代码

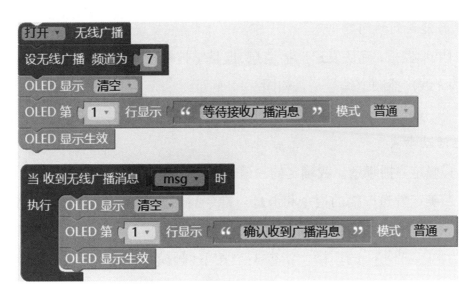

图2-6-4　"广播接收消息"程序代码

作品运行效果如图2-6-5所示。

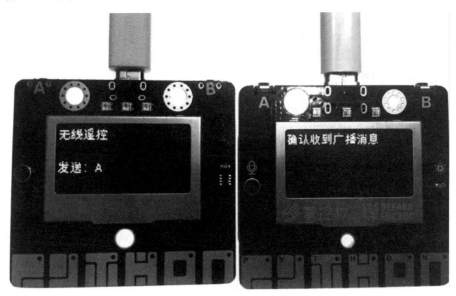

图2-6-5　"广播发送并接收消息"运行效果

3.可能遇到的问题

如果掌控板a确认发送广播消息,但是掌控板b没有收到,请确认两块掌控板的无线广播频道编号是否相同。

活动2:按钮远程控制LED灯

1.活动步骤

(1)确定广播频道。我确定的频道号是_____。

(2)确定发送广播的指令和消息。指令1:当按下(触摸)_____键时,发送内容为_____的广播。指令2:当按下(触摸)_____键时,发送内容为_____的广播。指令3:当按下(触摸)_____键时,发送内容为_____的广播。……

(3)确定接收到不同广播消息时的操作。操作1:当接收到广播消息____时,掌控板执行操作_____。操作2:当接收到广播消息_____时,掌控板执行操作_____。……

(4)连接掌控板a,编写广播发送代码,测试并刷入程序。

(5)连接掌控板b,编写广播接收代码,测试效果。

2.参考程序和效果截图

参考程序如图2-6-6、图2-6-7所示。

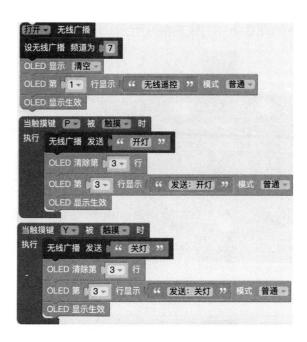

图2-6-6　"触摸控制发送广播消息"程序代码

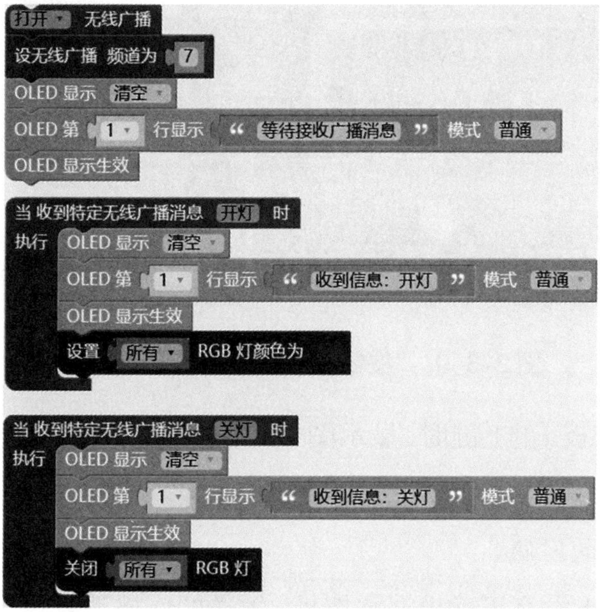

图2-6-7　"接收特定广播消息"程序代码

作品运行效果如图2-6-8、图2-6-9所示。

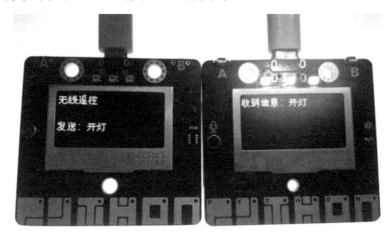

图2-6-8 "按钮控制LED灯"运行效果1

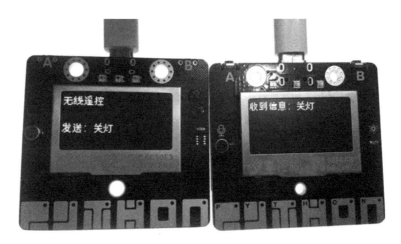

图2-6-9 "按钮控制LED灯"运行效果2

当触摸掌控板a的P键时，显示图2-6-8；当触摸掌控板a的Y键时，显示图2-6-9。

3.可能遇到的问题

如果掌控板b没有正确根据掌控板a发送的广播消息执行操作，请确认使用的广播接收指令是否是  。

四、项目拓展

（1）在上述项目的基础上，尝试设计一个"接龙游戏"，即一块掌控板发送广播，另一块掌控板接收信息后继续发送，形成LED灯逐渐点亮的效果。

（2）丰富广播发送的指令，比如根据光线值发送命令，即当光线值小于一定数值时，发送广播点亮另一块掌控板的LED灯。

五、项目交流

本项目介绍如何利用无线广播实现掌控板和掌控板间的远程互控，在此基础上，同学们可以制作属于自己的"无线遥控"。从以下几个方面评价自己的项目：

（1）基本功能：＿＿＿＿＿＿＿＿＿＿＿＿＿＿＿＿＿＿＿＿＿＿＿

（2）项目创新点：＿＿＿＿＿＿＿＿＿＿＿＿＿＿＿＿＿＿＿＿＿

（3）项目过程中遇到的问题：＿＿＿＿＿＿＿＿＿＿＿＿＿＿＿

（4）需要继续努力的方向：＿＿＿＿＿＿＿＿＿＿＿＿＿＿＿＿

六、知识链接

1. 常见的无线遥控方式

掌控板广播模块提供无线广播功能，支持13个频道，适合10米范围内多板组网通信。但是需要注意的是，广播功能和Wi-Fi一起使用时，可能会发生冲突。常见的无线遥控方式还有红外、超再生和蓝牙等。只要结合扩展板，掌控板都能够支持这些无线遥控方式。如图2-6-10所示是DF生产的红外接收

智能物联编程及应用

模块。借助红外接收模块,然后利用mPython中的扩展模块"通用传感器",我们就可以用家里的遥控器来控制掌控板了。

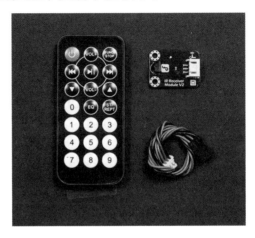

图2-6-10　DF生产的红外接收模块

2.掌控板的蓝牙功能

掌控板还支持蓝牙功能。利用蓝牙技术,掌控板可以轻松连接上电脑或者手机,直接模拟成为一个键盘或者鼠标,你可以拥有一个空中飞"鼠",非常酷炫。下载最新的mPython软件,你会发现掌控板的功能会越来越强大。

第三单元

智能物联

当完成了第一、二单元的项目,就意味着我们已经掌握了以掌控板为代表的智能终端的基本功能,通过它们,我们既能够感知世界,也能控制万物。物联网的关键技术是感知、控制和传输。掌控板采用的核心芯片ESP32,是一块典型的物联网芯片,集成了蓝牙4.0和Wi-Fi功能。连上Wi-Fi,就连上了世界,成为物联网的一个节点。

这个单元的主题是"智能物联"。借助互联网的各种信息和服务,掌控板的功能将更加强大。在这个单元里,我们将学习掌控板的网络连接和语音识别功能,理解MQTT协议和Web API,掌握JSON信息的解析和MQTT消息的发送与订阅。

这个单元设计了六个循序渐进的小项目。这些项目涉及网络信息的获取(爬虫),也涉及人工智能。其中的重点项目是MQTT服务器的连接和交互。万物互联,智能交互,让我们继续来挑战人工智能和物联网吧。

时钟

时钟是我们离不开的常用工具。掌控板有 OLED 显示屏,也可以呈现时间信息,我们可以用来设计电子时钟。生活中的时钟往往会出现走时不准的问题,并且在同一时刻,不同时区对应时间也不相同。掌控板可以解决这些问题,因为它可以联网实时校准。

一、项目描述

利用掌控板的 Wi-Fi 功能,设计一个可以通过互联网自动更新时间的双模时钟,实现如下功能:

·连接 Wi-Fi,定时获取时间;

·具备指针型(如图 3-1-1 所示)和数字型(如图 3-1-2 所示)两种时间显示的模式。

图3-1-1 指针型时钟　　　　　图3-1-2 数字型时钟

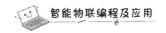

二、项目指导

1.连接Wi-Fi,同步时间

掌控板自身是没有计时功能的,所以获取时间需要先连上网络。在"Wi-Fi"指令栏中找到"连接Wi-Fi",在如图3-1-3所示的指令中输入Wi-Fi名称和密码。

图3-1-3 "连接Wi-Fi"指令

运行这个代码后,mPython右下角控制台会提示"Connection WiFi",当出现"WiFi(my wifi,-48dBm) Connection Successful"时,表示连接成功,并且会显示IP地址,如图3-1-4所示,获得的IP地址为"192.168.3.63"。

图3-1-4 控制台打印显示

连接上Wi-Fi后,掌控板需要使用"同步网络时间"指令,连上国家授时中心的网站进行时间校对。每一次开机时都要同步一次,接下来就不用再同步了。具体程序代码如图3-1-5所示。

同步网络时间 时区 东8区 ▾ 授时服务器 time.windows.com

图3-1-5　"同步网络时间"指令代码

2.显示时钟指针

mPython提供了绘制指针型时钟的直接指令,先在"显示"指令栏中找到相关时钟指令,确认时钟名称、大小和位置,令指定的时钟获取当前时间数据,再进行时钟绘制。时钟绘制效果如图3-1-6所示。由于每过一秒钟指针位置都会变化,所以需要不断地进行时间读取和重新绘制。具体程序代码如图3-1-7所示。

图3-1-6　指针型时钟绘制效果

图3-1-7 "绘制指针型时钟"程序代码

3.处理时间数值

掌控板直接提供了指针型时钟的显示指令,调用很方便。但是数字型时钟的显示需要我们自己去设计。数字型时钟的基本格式是"小时:分钟:秒钟",比如03:14:57。如果直接输入"3",是不会显示为"03"的。所以,绘制数字型时钟的关键问题在于如何将"3"显示为"03"。其实很简单,只需分别取出数字的个位和十位上的数字,然后以文本名义拼接起来即可。取十位数字的方法是将数字除以10取整,取个位上的数字直接的方法是将数字除以10取余。具体程序代码如图3-1-8所示。

图3-1-8 "本地时间数值显示变化"代码范例

三、项目实施

活动1:连接Wi-Fi,显示指针型时间

1.活动过程

(1)连接Wi-Fi。Wi-Fi名称为_____;Wi-Fi密码为_____。

(2)同步网络时间,如图3-1-9所示。时区:_____区。授时服务器:_____。

图3-1-9　参考代码

(3)初始化并绘制时钟。如图3-1-10所示。时钟半径为_____。时钟圆心位置为_____。

初始化时钟 my_clock x 64 y 32 半径 30

图3-1-10　参考代码

【思考】如何做到不断显示新的时间呢?

(4)编写代码并测试效果。

2.参考程序和效果截图

参考程序如图3-1-11所示。

图3-1-11 "绘制指针型时钟"程序代码

作品运行效果如图3-1-12所示。

图3-1-12 "绘制指针型时钟"运行效果

3.可能遇到的问题

如果时钟未显示时针,请检查是否加入了"同步网络时间"代码块。如果时间显示不正确,请检查同步网络的时区是否正确。如果出现指针图案重复,请检查"重复绘制"前是否及时清空屏幕。

活动2:显示数字型的时钟

1.活动步骤

(1)连接Wi-Fi和同步网络时间。

(2)将本地时间的时、分、秒转为数字型时钟的显示模式。如图3-1-13所示。

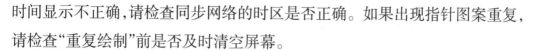

图3-1-13 参考代码

(3)显示数字型时钟,如图3-1-14所示。时钟值显示字体大小:_____像素。分钟值显示字体大小:_____像素。秒钟值显示字体大小:_____像素。时钟和分钟值显示坐标:x为_____,y为_____。秒钟值显示坐标:x为_____,y为_____。

图3-1-14 参考代码

(5)编写代码并测试效果。

2.参考程序和效果截图

参考程序如图3-1-15所示。

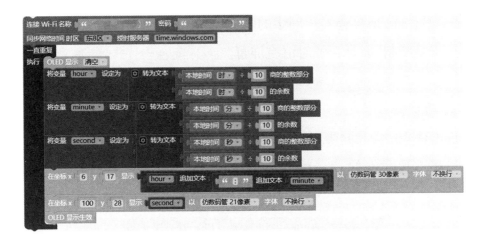

图3-1-15 "绘制数字型时钟"程序代码

作品运行效果如图3-1-16所示。

图3-1-16 "绘制数字型时钟"运行效果

四、项目拓展

(1)按下A、B键时,掌控板可以切换不同的时间显示方式,但是能不能换一种更加酷的方式? 比如,用"摇一摇"的方式切换模式?

【小提示】第一单元第五课时中我们学习了用摇一摇的方式来掷"骰子"，能不能把掷"骰子"的显示效果替换成切换时钟类型呢？

(2)丰富数字型时钟的显示内容，显示时间的同时显示日期。

五、项目交流

本项目介绍了如何使用掌控板制作显示模式不同的网络时钟，在此基础上，同学们可以制作个性化的钟表，请从以下几个方面评价自己的项目：

(1)基本功能：_____

(2)项目创新点：_____

(3)项目过程中遇到的问题：_____

(4)需要继续努力的方向：_____

六、知识链接

1. Wi-Fi知识知多少

我们常常说的无线网络，一般指Wi-Fi。Wi-Fi在中文里又称作"行动热点"，是一个创建于IEEE 802.11标准的无线局域网技术。基于两套系统的密切相关，也常有人把Wi-Fi当作IEEE 802.11标准的同义术语。

Wi-Fi最主要的优势在于不需要布线，可以不受布线条件的限制，因此非常适合移动办公用户的需要，并且由于发射信号功率低于100MW，低于手机发射功率，所以使用Wi-Fi上网相对来说也是较为安全健康的。现在很多设备都支持Wi-Fi，如个人计算机、游戏机、MP3播放器、智能手机、平板电脑、打印机、笔记本电脑等。随着物联网技术的普及，很多家电也都带了Wi-Fi功能，如电视机、电饭煲、电冰箱等。

设备要连接Wi-Fi，需要知道相应的Wi-Fi名称和密码。Wi-Fi是俗称，专

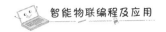

用名词是SSID,即网络标识。

2.网络时间同步

顾名思义,网络时间同步是指将计算机或设备的时间与网络上的时间源保持一致。

时间源由网络中可靠的时间设备提供,时间精准可靠。一些网站和专业的单位提供此类服务器,也有专业的时间设备(如时间服务器、NTP网络时间服务器、GPS同步时钟)。

为了保证时间的精准,TCP/IP协议中有专门用于校时的协议NTP/SNTP。这两种协议能提供时间补偿,减少网络延时带来的时间延时。Windows系统中有一个Internet时间同步功能,在服务器栏目里输入域名或时间设备的IP,就可以做到时间同步。

气象图标

出门在外遇到天气突变是一件极麻烦的事情,提前了解天气情况是一个好习惯。我们可以利用掌控板获取天气预报信息,做到"天气早知道,行程我掌握"。

一、项目描述

利用掌控板的应用扩展中的"天气模块",通过网络获取天气预报及更多信息(如图3-2-1所示),实现如下功能:

·连接Wi-Fi,获取天气预报信息;

·以文字形式呈现天气预报信息;

·以图标形式呈现天气预报的关键信息。

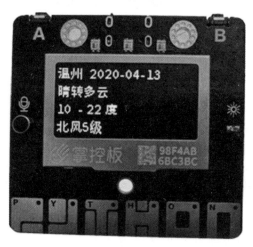

图3-2-1　天气预报

二、项目指导

1.添加天气扩展模块

在左下角扩展模块中点击"添加",在"应用扩展"中找到天气模块(如图3-2-2所示),加载该模块,就能在扩展中使用天气模块指令。

图3-2-2　天气模块加载

2.连接Wi-Fi,获取天气预报信息

mPython提供了心知天气的API接口,使用前需要在心知天气的官方网站注册并申请免费的天气数据API。心知天气网站地址:https://www.seniverse.com/。

调用天气模块中的"设定"指令(如图3-2-3所示),填入复制过来的密钥(如图3-2-4所示),选择信息类型、地区等就能获取所需要的天气信息。为了让这个作品更具个性化,可以设计不一样的画面,也可利用掌控板的重力感应或触摸功能,选择不同日期并获取天气信息。

图3-2-3 天气模块"设定"指令

图3-2-4 心知天气API密钥

3.调用天气数据

mPython提供了"天气实况""3天天气预报""6项生活指数"三种天气信息（如图3-2-5所示）。根据项目指导2中设置的信息，使用对应指令来调取信息（如图3-2-6所示）。

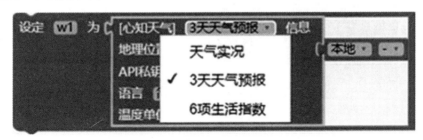

图3-2-5 天气信息类型设定

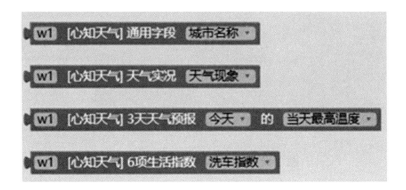

图3-2-6　天气信息调用指令

三、项目实施

活动1:连接Wi-Fi,获取天气信息

1.活动步骤

(1)连接Wi-Fi。

(2)设定获取的心知天气信息参数。如图3-2-3所示。

(3)确定显示信息和位置。在屏幕第_____行显示_____。

(4)编写代码并测试效果。

2.参考程序和效果截图

参考程序如图3-2-7所示。

图3-2-7　"获取天气信息"程序代码

作品运行效果如图3-2-8所示。

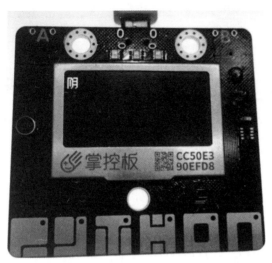

图3-2-8　"获取天气信息"运行效果

3.可能遇到的问题

如果测试时显示 KeyError: daily 错误,请确认信息类型是否是"3天天气预报"。

活动2:显示更多的天气预报信息

1.活动步骤

(1)连接Wi-Fi。

(2)获取心知天气信息。

(3)确定显示的天气信息和位置。信息1:在屏幕第_____行,显示_____。信息2:在屏幕第_____行,显示_____。信息3:在屏幕第_____行,显示_____。信息4:在屏幕第_____行,显示_____。……

(4)通过mPython X上传自定义图片,如图3-2-9所示。

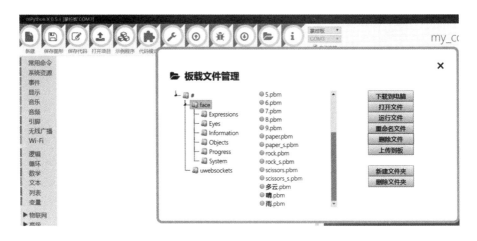

图3-2-9 mPython X上传图片到板

（5）根据天气情况显示对应图片，如图3-2-10所示。图片1：当天气现象为＿＿＿＿时，显示图片＿＿＿＿。图片2：当天气现象为＿＿＿＿时，显示图片＿＿＿＿。图片3：当天气现象为＿＿＿＿时，显示图片＿＿＿＿。……

图3-2-10 参考代码

（6）编写代码并测试效果。

2.参考程序和效果截图

参考程序如图3-2-11所示。

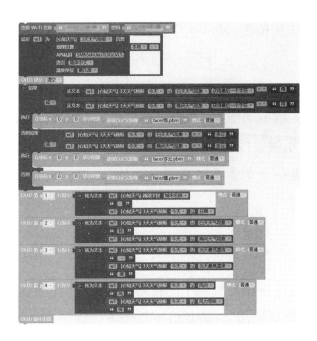

图3-2-11 "显示更多天气预报效果"程序代码

作品运行效果如图3-2-12所示。

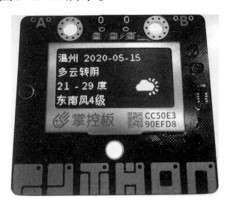

图3-2-12 "显示更多天气预报信息"运行效果

3.可能遇到的问题

如果屏幕只显示天气图片,没有天气信息,请检查自定义图片的显示是否放在天气文本显示的前面。由于本项目中作为自定义图片提供的pbm格式文

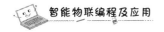

件是大小为128×64的位图,显示顺序在后的话,会覆盖前面的屏幕显示。

四、项目拓展

能不能切换显示不同地点、不同日期的天气预报信息? 比如用"摇一摇"的方式切换地点,用触摸按键的方式切换日期。

【小提示】设置一个变量来记录摇晃动作,不同的变量值对应不同地点的天气数据。

五、项目交流

本项目介绍通过心知天气API获取天气信息,在此基础上,同学们可以制作属于自己的"天气早知道"。请从以下几个方面评价自己的项目。

(1)基本功能:＿＿＿＿＿＿＿＿＿＿＿＿＿＿＿＿＿

(2)项目创新点:＿＿＿＿＿＿＿＿＿＿＿＿＿＿＿＿

(3)项目过程中遇到的问题:＿＿＿＿＿＿＿＿＿＿＿

(4)需要继续努力的方向:＿＿＿＿＿＿＿＿＿＿＿＿

六、知识链接

1.心知天气服务

心知天气是通过对气象和环境大数据进行分析,为企业提供气象信息产品和BI服务的商业气象服务公司。心知天气的数据涵盖全球2.4万个城市,提供了实时天气、15天预报、逐小时预报、空气质量实况和预报、灾害预警等数十种天气数据。心知天气以Web API形式向企业和开发者提供准确、稳定、丰富的数据服务,让企业和开发者可以将心知天气数据轻松整合进手机/桌面应用或数据分析系统。

2.Web API 和 JSON

API 即应用程序编程接口,用来描述程序与另一个程序交互的方式。应用程序编程接口使程序员更容易在代码中使用来自其他程序的函数和对象。很多平台都提供了各种各样的 Web API(网络应用程序接口),例如我们需要获取天气实况,可以使用和风天气、心知天气、中国天气网、彩云天气、高德开放平台、百度开放平台等网络平台提供的天气实况服务。一般平台都要求开发者注册与认证才能获得应用授权码访问 Web API 获取数据。

对于绝大多数的网络平台,Web API 请求提供的数据格式采用 JSON 格式。JSON 是一种轻量级的数据交换格式,结构与 Python 中的字典类似。所以 mPython 中就是按照字典的方式取出 JSON 文件中的相关信息,对 JSON 代码的分析见表3-2-1。掌握这种方法,你就可以用掌控板获取更多的 Web API 接口了。

表3-2-1 JSON代码分析

JSON代码	代码的结构分析

{"results":[{"location":{"id": "WX4FBXXFKE4F", "name":"北京", "country": "CN", "path":"北京,北京,中国", "timezone": "Asia/Shanghai", "timezone offset":"+08: 00"},"now":{"text":"阴", "code":"9","temperature": "27"},"last update":" 2020-08-30T11:09:00+08: 00"}]}	```
	⊟{
	    "results":⊟[
	        ⊟{
	            "location":⊟{
	                "id":"WX4FBXXFKE4F",
	                "name":"北京",
	                "country":"CN",
	                "path":"北京,北京,中国",
	                "timezone":"Asia/Shanghai",
	                "timezone_offset":"+08:00"
	            },
	            "now":⊟{
	                "text":"阴",
	                "code":"9",
	                "temperature":"27"
	            },
	            "last_update":"2020-08-30T11:09:00+08:00"
	        }
	    ]
	}
	``

语音助手

大家有没有跟Siri说过话？Siri是苹果产品上应用的一个语言助手，通过与Siri对话，用户可以听短信、询问餐厅、询问天气、语音设置闹钟等。我们也可以用掌控板把语音转换成对应的文字信息，给机器安装上"耳朵"。来制作一个语音小助手吧！

一、项目描述

利用掌控板的语音功能（需使用V2.0版本的掌控板），设计一个声控霓虹灯，实现如下功能：

· 录制声音并且识别文字；

· 根据语音识别结果，实现开灯和关灯。

二、项目指导

1.认识语音传感器

掌控板的正面有一个语音传感器（如图3-3-1所示），借助互联网的云计算技术，掌控板能够把语音信号转变为相应的文本或数据。

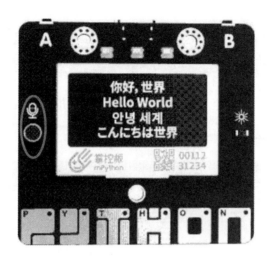

图3-3-1　掌控板语音传感器

2.添加音频扩展模块

在左下角扩展模块中点击"添加",在"应用扩展"中找到音频模块(如图3-3-2所示),加载该模块,就能在扩展中使用音频模块指令。

图3-3-2　加载音频模块

3.连接Wi-Fi,录音并识别

语音识别需要借助网络,在本地录制语音之后,上传到云端进行识别,然后返回结果。设置指令时,首先要设置录音时长,然后开始录音。如图3-3-3所示。

图3-3-3 "开始录音"指令

然后识别录音结果。如图3-3-4所示。

图3-3-4 "识别录音结果"程序语句

掌控板的语音识别功能较为简单,能识别简单英语和常用中文。请尽量使用有意义的语言进行识别。掌控板会有一定的吞音效果,比如念出五个汉字"床前明月光"时,语音识别会吞掉最后一个字,识别结果为"床前明月"。另外,由于掌控板的内存有限,录音时长不能过长,否则会报`MemoryError: memory allocation failed, allocating 4096 bytes`错误。

三、项目实施

活动1:显示录音结果

1.活动步骤

(1)确定开始录音指令。当按下(触摸)_____键时,开始录音。

(2)确定录音时长。录音时长为_____(只能设定整数数值)秒。

(3)确定录音内容。内容:_____。

（4）编写代码并测试效果。

2.参考程序和效果截图

参考程序如图3-3-5所示。

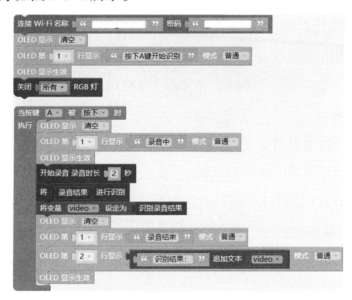

图3-3-5 "显示录音结果"程序代码

作品运行效果如图3-3-6所示。

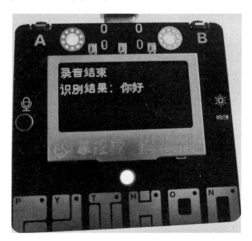

图3-3-6 "显示录音结果"运行效果

3.可能遇到的问题

如果连接掌控板后第一次运行时出现 `MemoryError: memory allocation failed, allocating 4096 bytes` 错误,则减少录音时长。如果连接掌控板后第一次运行成功,第二次运行时出现 `MemoryError: memory allocation failed, allocating 4096 bytes` 错误,请将掌控板连接断开重连。如果录音结束后,识别结果为空或识别结果错误,请用标准普通话重新尝试录音。

活动2:语音控制LED灯

1.活动步骤

(1)确定开始录音指令。当按下(触摸)_____键时,开始录音。

(2)确定录音时长。录音时长为_____(只能设定为整数数值)秒。

(3)确定语音识别后LED灯的变化(参考代码如图3-3-7所示)。变化1:当语音识别内容为_____时,_____号灯_____。变化2:当语音识别内容为_____时,_____号灯_____。变化3:当语音识别内容为_____时,_____号灯_____。……

图3-3-7 参考代码

(4)编写代码并测试效果。

2.参考程序和效果截图

参考程序如图3-3-8所示。

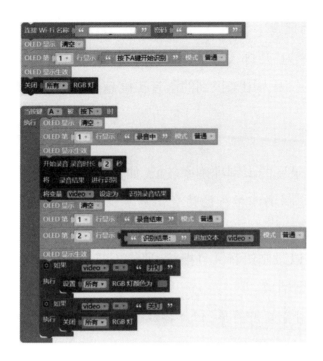

图3-3-8 "语音控制LED灯"程序代码

作品运行效果如图3-3-9所示。

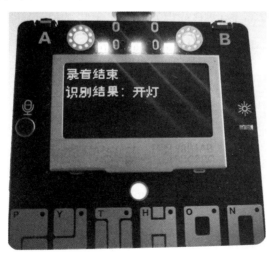

图3-3-9 "语音控制LED灯"运行效果

3.可能遇到的问题

如果语音指令为"开灯",但是识别结果仅为"开",请在录音时多加一个音符,比如"开灯吧"。因为用来识别的语音长度越长,准确度越高。

四、项目拓展

(1)掌控板对录音的识别准确率较低,如何提高掌控板语音识别准确率?

【小提示】要想提高掌控板的语音识别准确率,首先要选择成熟的语音识别系统,其次是尽可能说一句完整的话。

(2)掌控板可以录制语音并且播放,那能不能做一个简单的留声机? 比如按A键留言,按B键播放。

【小提示】录制音频很简单,但是播放音频需要带功放(功率放大器)的小喇叭。

五、项目交流

本项目介绍了掌控板的语音识别功能,在此基础上,同学们可以设计与生活密切相关的语音小助手。请从以下几个方面评价自己的项目。

(1)基本功能:＿＿＿＿＿＿＿＿＿＿＿＿＿＿＿＿＿＿＿＿＿＿＿

(2)项目创新点:＿＿＿＿＿＿＿＿＿＿＿＿＿＿＿＿＿＿＿＿＿＿

(3)项目过程中遇到的问题:＿＿＿＿＿＿＿＿＿＿＿＿＿＿＿＿

(4)需要继续努力的方向:＿＿＿＿＿＿＿＿＿＿＿＿＿＿＿＿＿

六、知识链接

1.掌控板不同版本对照

掌控板有多个版本,不同版本的掌控板有细微的区别。如何区分自己手头的掌控板是不是2.0版本？最简单的办法是看掌控板的背后,看看有没有一块正方形的金属外壳,如图3-3-10所示。如果没有,那就说明是2.0或者2.0以上版本。

图3-3-10 不同版本掌控板正面对比

2.语音识别技术新发展

2009年以来,借助机器学习领域深度学习的发展,以及大数据语料的积累,语音识别技术得到突飞猛进。语音对话机器人、语音助手、互动工具等应用层出不穷,互联网公司纷纷投入人力、物力和财力展开此方面的研究和应用,目的是通过语音交互的新颖和便利迅速占领客户群。

目前在该领域,国外的应用一直以苹果的Siri为龙头。而国内方面,科大讯飞、云知声、盛大、捷通华声、搜狗语音助手、紫冬口译、百度语音等系统都采用了最新的语音识别技术,市面上其他相关的产品也直接或间接嵌入了类似的技术。

物联网

物联网在生活中的应用无处不在,它能够实现物物相连的信息交换和通信,实现人与物之间的全面的信息交互。它的存在改变了人们的生活方式,为日常生活带来了极大的便利。我们也可以通过掌控板建立简单的物联网应用,进行远程数据采集。

一、项目描述

利用掌控板的MQTT扩展模块,借助Easy IoT服务器,进行远程数据采集,实现如下功能:

·定时提交光线信息到Easy IoT;

·收集信息,并且下载分析;

·设计数据分析实验。

二、项目指导

1.认识MQTT

MQTT(Message Queuing Telemetry Transport,消息队列遥测传输)是IBM开发的一个即时通信协议。该协议支持所有平台,几乎可以把所有联网物品和外部连接起来,被用来当作传感器和制动器的通信协议。

2.添加MQTT扩展模块

在左下角扩展模块中点击"添加",在应用扩展中找到模块,加载该模块,就能在扩展中使用MQTT模块指令。如图3-4-1所示。

图3-4-1 MQTT扩展模块位置

3.注册并连接Easy IoT

Easy IoT是一个非常简单的物联网解决方案,可进行实时监控和数据分析。

打开Easy IoT网页:http://iot.dfrobot.com.cn。如图3-4-2所示。

图3-4-2 Easy IoT主页

注册登录后可进入你的工作间,在工作间中可以新建"设备"。Easy IoT

中的"设备"，在mPython中成为"主题"。如图3-4-3所示。

图3-4-3　Easy IoT工作间

回到mPython，连接Wi-Fi后，可通过"MQTT-Easy IoT"指令设置参数，连接MQTT。如图3-4-4、图3-4-5所示。

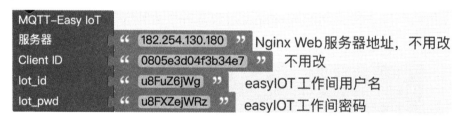

图3-4-4　MQTT-Easy IoT设置参数

图3-4-5　Easy IoT工作间用户名和密码位置

4.提交信息到Easy IoT

成功连接MQTT后,可通过"发布至主题"指令将数据提交到Easy IoT工作间的对应主题。主题名所在位置如图3-4-6所示。

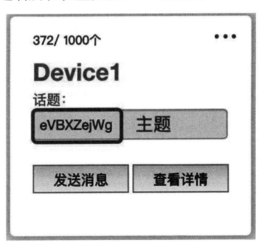

图3-4-6　Easy IoT主题

发布的信息内容需为英文或数字,不可发送中文,否则Easy IoT对应主题中该消息记录会显示为乱码。

一个设备(主题)默认最多可接受1000条信息,可通过主题框右上角的设置按钮修改上限。如图3-4-7所示。

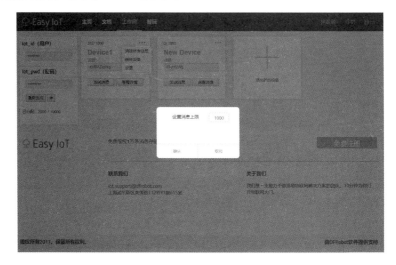

图3-4-7　设置消息上限

5.从Easy IoT下载数据

点击"工作间"对应主题的"查看详情"按钮,可以进入对应的数据查看界面,包括图表数据和文字数据,也可以根据时间细化查询条件。确认数据后,点击右上角处"导出Excel"按钮(如图3-4-8所示),可以将数据以图表形式导出,以进行进一步数据处理(如图3-4-9所示)。

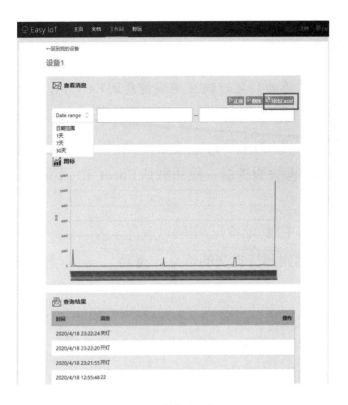

图 3-4-8　数据导出 Excel

图 3-4-9　保存导出数据图表

三、项目实施

活动1:定时提交光线信息到 Easy IoT

1.活动步骤

(1)连接Wi-Fi。Wi-Fi名称:_____。Wi-Fi密码:_____。

(2)确定MQTT参数服务器。使用默认Client ID,不用修改。lot_id:_____。lot_pwd:_____。

(3)确认提交的主题(设备)。主题:_____。

(4)确认定时时间和待提交的信息。每隔_____秒提交_____值到Easy IoT。

(5)确认提交停止指令。当_____时停止提交光线值。

(6)编写代码并测试效果。

(7)导出Excel并分析数据。

2.参考程序和效果截图

参考程序如图3-4-10、图3-4-11所示。

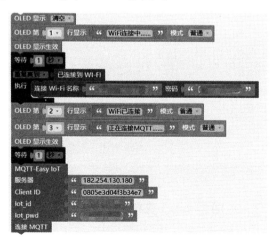

图3-4-10 "定时提交光线信息到 Easy IoT"程序代码1

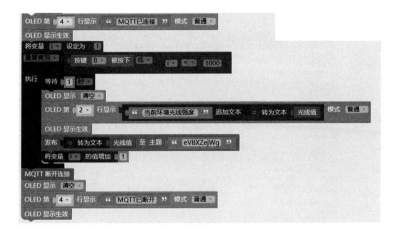

图 3-4-11　"定时提交光线信息到Easy IoT"程序代码2

作品运行效果如图3-4-12、图3-4-13所示。

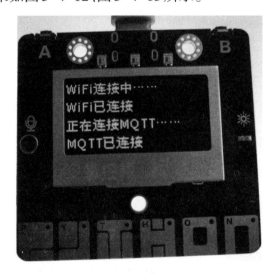

图 3-4-12　"定时提交光线信息到Easy IoT"运行效果

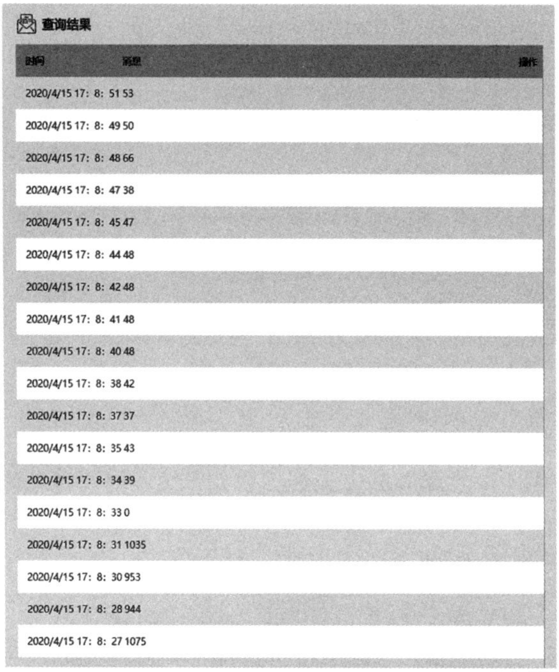

图3-4-13 提交到电脑端数据查询结果

3.可能遇到的问题

如果MQTT服务连接成功但是没有成功提交信息值到主题,请检查主题名称是否正确及主题对应Easy IoT工作间的话题标签。如果光线值一直显示为0,请确保实验光线为自然光。

活动2:收集信息,并且下载分析

1.活动过程

(1)确认信息查询时间范围。起:_____年_____月_____日_____时;止:_____年_____月_____日_____时。

(2)确认导出Excel的保存路径和文件名。保存路径:_____;文件名:_____。

(3)打开Excel,将数值转为数字型。

（4）确认数据范围，计算最大值、最小值、平均值。最大值函数：MAX(_____：_____)，数值：_____；最小值函数：MIN(_____：_____)，数值_____：_____。平均值函数：AVERAGE(_____：_____)，数值：_____。

（5）确认横纵坐标，制作折线图。横坐标：_____；纵坐标：_____。

2.参考程序和效果截图

信息查询下载过程如图3-4-14、图3-4-15所示。

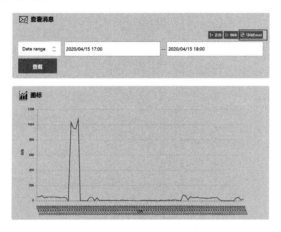

图3-4-14　设置信息查询范围并导出Excel

进行数据分析之前要把数据列内容修改为可进行数学操作的格式，为了将格式应用到所选列所有单元格，还需进行分列操作。数值格式修改过程如图3-4-16～图3-4-19所示。

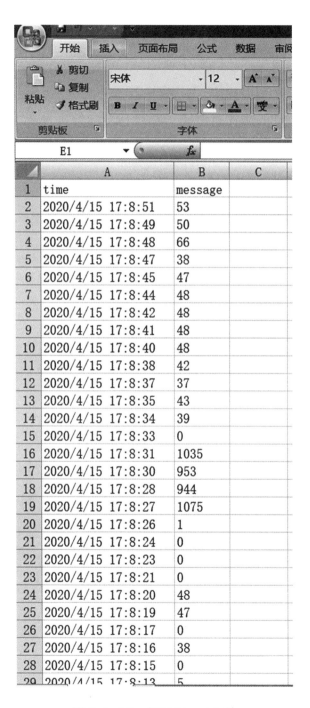

图3-4-15　打开Excel文件

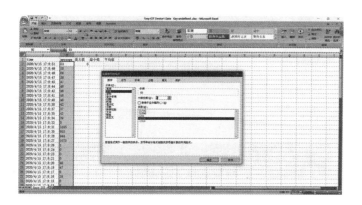

图3-4-16　数据列设置为数值格式

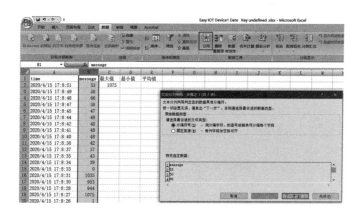

图3-4-17　分列应用格式步骤1

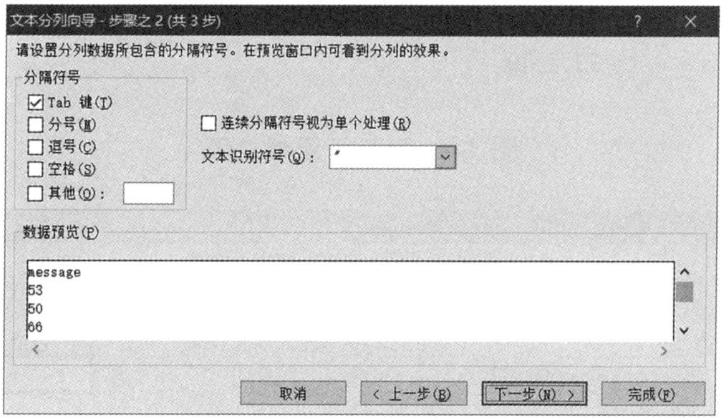

文本分列向导 - 步骤之2 (共3步)

请设置分列数据所包含的分隔符号。在预览窗口内可看到分列的效果。

分隔符号
- ☑ Tab 键(T)
- ☐ 分号(M)
- ☐ 逗号(C)
- ☐ 空格(S)
- ☐ 其他(O)：

☐ 连续分隔符号视为单个处理(R)

文本识别符号(Q)：

数据预览(P)

```
message
53
50
66
```

取消　　〈 上一步(B)　　下一步(N) 〉　　完成(F)

图3-4-18　分列应用格式步骤2

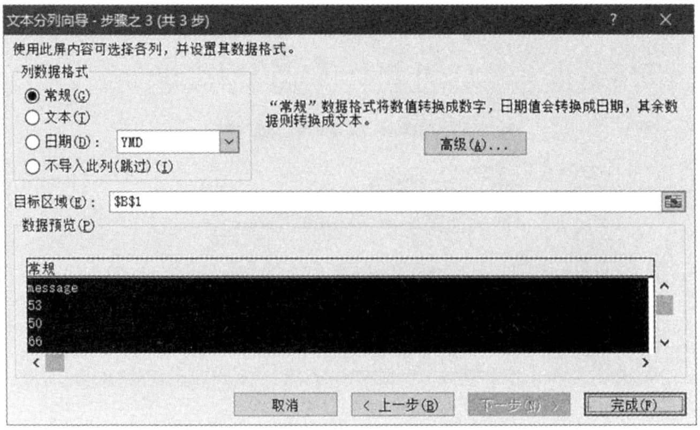

图3-4-19 分列应用格式步骤3

数据分析过程如图3-4-20～图3-4-24所示。

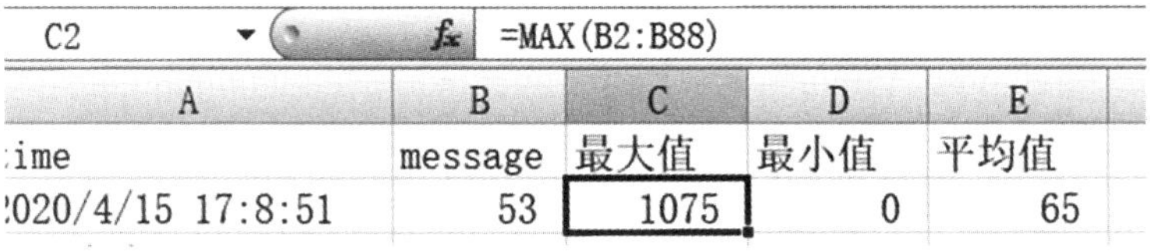

图3-4-20 计算最大值

图3-4-21 计算最小值

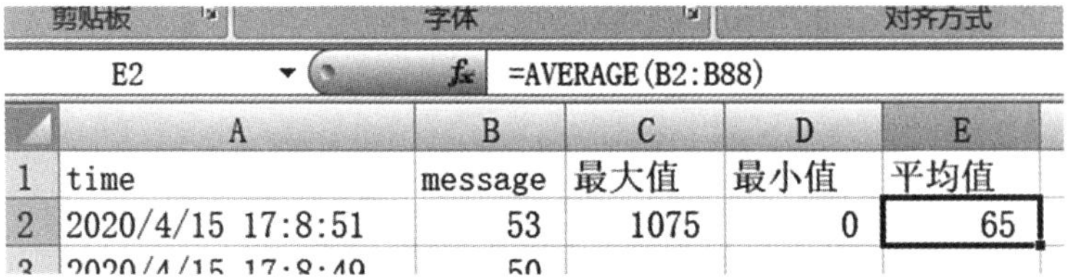

图3-4-22 计算平均值

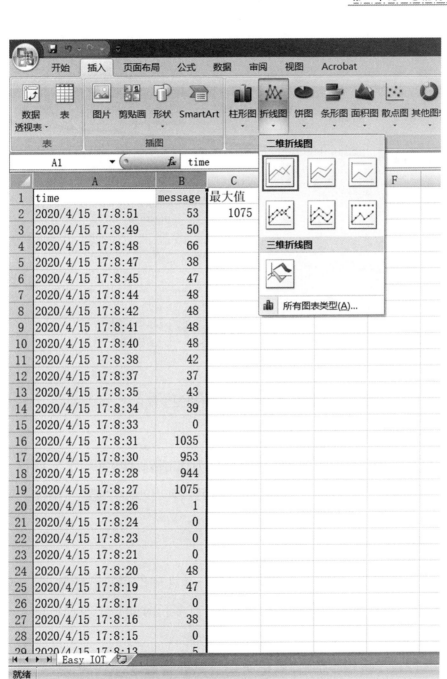

图3-4-23 绘制折线图步骤1

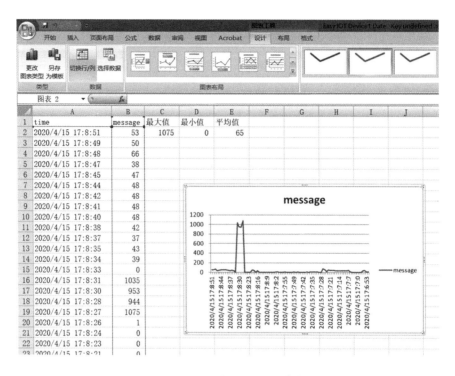

图3-4-24　绘制折线图步骤2

3.可能遇到的问题

如果最大值、平均值等运算数值总是为0,请确认数据列单元格格式是否已修改成数字型,将这一列的数据复制到另一列,仅粘贴"数字"格式。

四、项目拓展

1.设计一个噪音数据分析实验,记录一节课中的课堂音频数据,并分析数据,如该堂课中有多长时间处于嘈杂环境,有多长时间处于安静环境。

【小提示】使用详情界面"导出Excel"功能。

2.掌控板支持很多传感器,你可以尝试连接温度、湿度传感器,设计一个复杂的科学探究实验。

五、项目交流

本项目介绍了通过 Easy IoT 上传和收集数据的方法。你对哪方面的数据探究感兴趣？请选择合适的传感器，设计自己的数据分析实验，并从以下几个方面评价你的项目。

(1)基本功能：_____

(2)项目创新点：_____

(3)项目过程中遇到的问题：_____

(4)需要继续努力的方向：_____

六、知识链接

1.物联网及其应用

物联网(Internet of Things, IoT)是借助互联网、传统电信网等信息承载体，让所有能行使独立功能的普通物体实现互联互通的网络。在物联网上，每个人都可以应用电子标签将真实的物体在网上联结，在物联网上都可以查出它们的具体位置。

物联网将现实世界数字化，应用范围十分广泛。物联网拉近分散的信息，统整物与物的数字信息，物联网的应用领域主要包括以下方面：运输和物流领域、工业制造领域、健康医疗领域、智能环境(家庭、办公、工厂)领域、个人和社会领域等，具有十分广阔的市场和应用前景。

2.MQTT 协议及其服务器

常用的物联网应用层协议包括 MQTT、HTTP、XMPP、CoAP 等。MQTT 是一种基于发布—订阅的"轻量级"消息传递协议，能实现一对多的通信。目前，MQTT 是物联网中最常用的协议之一。国内外主要的云计算服务商，比如阿里云、AWS、百度云、Azure以及腾讯云都支持MQTT协议。mPython中支持常见的MQTT服务器,如阿里云、腾讯物联、Easy IoT等。

远程控制

手机和电脑等电子产品可以帮助我们实现感官和能力的延伸,比如出门在外可以通过手机控制家里的电器设备。在物联网技术的支持下,我们可以用电脑远程控制掌控板,命令掌控板执行播放音乐、屏幕显示、开关LED灯等操作。

一、项目描述

通过MQTT服务器,实现用掌控板远程控制相应的执行器:

·订阅消息,根据远程指令控制开灯和关灯;

·用掌控板发送消息并控制另一块掌控板;

·自己搭建MQTT服务器SIoT,实现在局域网内搭建物联网服务。

二、项目指导

1.通过Easy IoT服务器接收指令

连接到Easy IoT服务器后,重复执行"等待主题消息"指令,令掌控板持续处于等待主题消息非阻塞模式。如图3-5-1所示。

图3-5-1　以非阻塞模式等待消息

使用"当从主题接收到msg时执行"指令,等待Easy IoT端发送消息并依据内容执行控制。

完成mPython代码后,从Easy IoT工作间点击"发送",实现对掌控板的远程控制。如图3-5-2～图3-5-4所示。

图3-5-2　进入消息页

图3-5-3　输入指令并点击发送

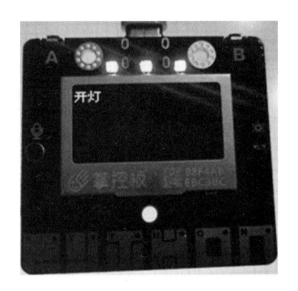

图3-5-4　掌控板接收到指令

2.掌控板远程板间控制

掌控板a发送指令"on"到Easy IoT主题c,等同于在主题c工作间界面发送新消息"on";当掌控板b从主题c接收到指令"on",执行开灯操作。

【思考】掌控板通过"发送至主题"指令发送消息的两种操作得到的效果是否一致?

三、项目实施

活动1:订阅消息,根据远程指令控制开灯和关灯

1.活动过程

(1)确定MQTT参数。服务器:使用默认。Client ID:自定;Iot_id:_____。
Iot_pwd:_____。

(2)设置等待主题消息模式为非阻塞模式。

(3)确定等待主题。主题为_____。

(4)确认接收指令和掌控板LED灯对应变化。接收到指令_____时掌

控板LED灯_____;接收到指令_____时掌控板LED灯_____;……

(5)编写代码并测试效果。

2.参考程序和效果截图

参考程序如图3-5-5所示。

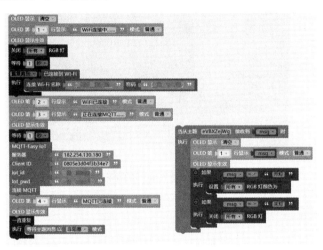

图3-5-5 "远程指令控制开关灯"程序代码

作品运行效果:网页端发送"开灯"指令,掌控板LED灯亮起,如图3-5-3、图3-5-4所示;网页端发送"关灯"指令,掌控板LED灯熄灭,如图3-5-6、图3-5-7所示。

图3-5-6 网页端发送"关灯"指令

162

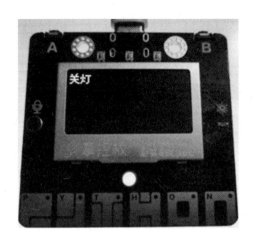

图3-5-7　掌控板LED灯关闭

活动2:用掌控板发送消息并控制另一块掌控板

1.指令讲解

(1)确定指令发布动作和内容。当按下(触摸)_____键时,发布指令_____;当按下(触摸)_____键时,发布指令_____;当按下(触摸)_____键时,发布指令_____;……

(2)连接掌控板A,编写指令发送代码,测试并刷入程序。

(3)修改 Client ID。(需与发送代码中 Client ID 不同,可为空)Client ID2:_____。

(4)确定接收指令内容和掌控板响应。当接收到消息_____时,掌控板_____;当接收到消息_____时,掌控板_____;当接收到消息_____时,掌控板_____;……

(5)连接掌控板B,编写指令接收代码,测试效果。

2.参考程序和效果截图

参考程序如图3-5-8、图3-5-9所示。

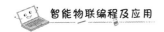

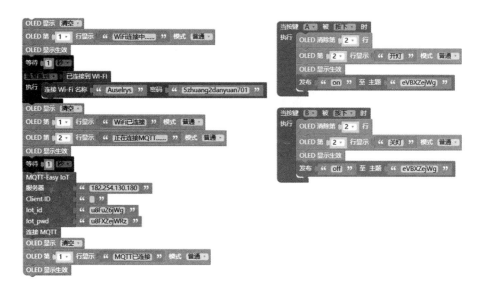

图3-5-8 "板间控制"发送端程序代码

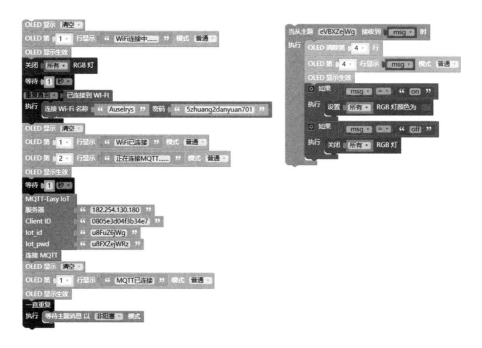

图3-5-9 "板间控制"接收端程序代码

作品运行效果如图3-5-10、图3-5-11所示。

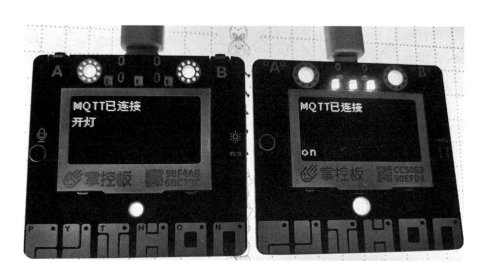

图3-5-10 掌控板A按A键控制掌控板B的LED灯打开

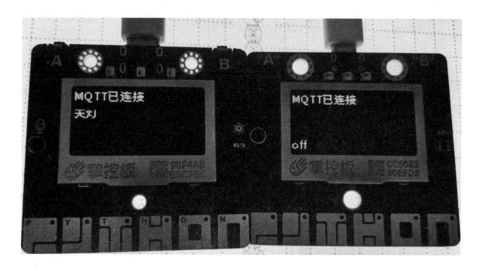

图3-5-11 掌控板A按B键控制掌控板B的LED灯关闭

3.可能遇到的问题

（1）如果两个掌控板装载的程序都运行后,先运行的掌控板与Easy IoT服务器无缘无故地断开了连接,请检查两块板子代码中MQTT-Easy IoT指令中的Client ID是否一致。

【注意】两个Client ID不能一样。当然,你也可以留空。

(2)如果程序执行过程中Easy IoT主题工作间的最新消息为乱码,请检查发送指令是否为英文或数字,通过"发送至主题"指令发送的指令消息不可为中文。

【思考】同样是实现板间互联,本项目与第三单元第一个项目中使用无线广播的方法有什么异同点?

四、项目拓展

使用现成的MQTT服务器是使用MQTT服务的常用方法,除了Easy IoT还有哪些MQTT服务器? 尝试在自己的电脑中搭建MQTT服务器SIoT。

SIoT下载地址:https://mindplus.dfrobot.com.cn/siot。

五、项目交流

本项目介绍了远程控制掌控板的方法,给同学们留下了很多自由发挥的空间,请从以下几个方面评价你的项目。

(1)基本功能:_____

(2)项目创新点:_____

(3)项目过程中遇到的问题:_____

(4)需要继续努力的方向:_____

六、知识链接

1.SIoT简介

SIoT为一个为教育定制的跨平台的开源MQTT服务器程序,S指科学(science)、简单(simple)的意思。SIoT支持Win10、Win7、Mac、Linux等操作系统,一键启动,无须用户注册或者进行系统设置即可使用。

SIoT为"虚谷物联"项目的核心软件,是为了帮助中小学生理解物联网原理,并且能够基于物联网技术开发各种创意应用而开发。其重点关注物联网数据的收集和导出,是采集科学数据的最好选择之一。

SIoT采用GO语言编写,具有如下特点:

·跨平台。支持Win10、Win7、Mac、Linux等操作系统。只要启动这一程序,普通计算机(包括拿铁熊猫、虚谷号和树莓派等微型计算机)就可以成为标准的MQTT服务器。

·一键运行。纯绿色软件,不需要安装,下载后解压就可以使用,对中小学的物联网技术教学尤其适用。

·使用简单。软件运行后,不需要进行任何设置就可以使用。

2.认识智能家居

20世纪末,比尔·盖茨在西雅图耗时七年建了一座名为"未来之屋"的别墅。这座著名的建筑展示了人类未来智能生活的各种场景,房屋内部的所有家电都通过无线网络连接,室内的光亮、背景音乐、温度等都由计算机智能控制。但是大家都没有想到,这样的"未来生活"很快就走进了千家万户。

智能家居是以住宅为平台,利用物联网、人工智能等技术将家居生活相关设施集成,构建高效的住宅设施,营造个性化的智慧场景,提升家居品质,并实现环保节能的居住环境。

家电控制

通过物联网,我们可以在千里之外实现家中的电器控制。在这一节,我们要综合应用Easy IoT服务,模拟门禁系统管理,实现智能家居设计。

一、项目描述

通过Easy IoT服务器,模拟智能家居的应用场景,实现多块掌控板之间的控制,并逐步完成如下功能:

·远程门禁基础版:按下A板的P键,B板蜂鸣器响,显示"有人敲门";按下B板N键,A板显示"门已开",LED灯亮。

·远程门禁加强版:若没有收到A板的信息,按下B板N键则无效;显示"有人敲门",并提示"按P同意,按N拒绝";收到"同意",亮绿灯并显示"门已开",否则亮红灯。

·连接继电器,控制真实的电磁锁。

二、项目指导

1.给掌控板分工

使用两块掌控板综合设计门禁系统,事先要给两块掌控板进行具体分工,即规划A、B两板的对应功能。

(1)远程门禁基础版。

基础版中A、B板分工设计如表3-6-1所示。

表3-6-1　基础版分工设计

掌控板	操作	响应	屏幕显示
A	触摸P键	发送request	清屏
B	接收到消息request	播放音符	显示"有人敲门"
B	触摸N键	发送accept	无
A	接收到消息accept	绿灯亮	显示"门已开"

（2）远程门禁加强版。

只有当A板有"敲门"动作时，B板的开关门动作才有效，用一个初始值为假的变量值记录A板是否有敲门动作。具体分工如表3-6-2所示。

表3-6-2　加强版分工设计

掌控板	操作	响应	屏幕显示
A	触摸P键	发送request	清屏
B	接收到消息request	播放音符，设变量为真	第一行显示"有人敲门"，第二行显示"按P同意，按N拒绝"
B	触摸P键	如果变量为真，发送accept	无
A	接收到消息accept	绿灯亮	显示"门已开"
B	触摸N键	如果变量为真，发送refuse	无
A	接收到消息refuse	红灯亮	清屏

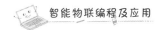

2.掌控板和继电器的连接

掌控板要控制电磁锁,一般要通过继电器。考虑到接线的难度,这里仅仅给出继电器的连接方式。同样,我们借助扩展板来连接继电器,如图3-6-1所示。

图3-6-1　掌控板连接继电器

对继电器的控制很简单,只要给连接继电器的数字引脚提供高、低电平,你就会清晰地听到继电器断开和闭合时发出的"嗒嗒"声。

三、项目实施

活动1:远程门禁基础版

1.活动过程

掌控板A:(1)连接掌控板A;(2)连接Easy IoT服务器,确定板A的"Client ID"值,Client ID(A):_____;(3)确认敲门指令,敲门:_____;(4)对照项目指导中的表3-6-1,完成掌控板A"门铃"功能;(5)编写代码,测试并刷入程序。

掌控板B:(1)连接掌控板B;(2)连接Easy IoT服务器,确定板B的

"Client ID"值,Client ID(B):＿＿＿＿;(3)确认开门指令,同意开门:＿＿＿＿;
(4)对照项目指导中的表3-6-1,完成掌控板B"门锁"功能;(5)编写代码并与
掌控板A联动测试效果。

2.参考程序和效果截图

参考程序如图3-6-2、图3-6-3所示:

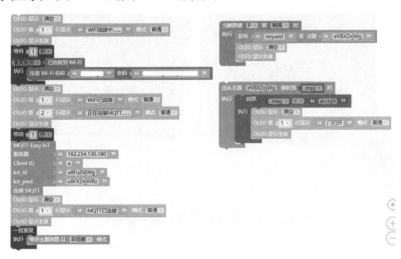

图3-6-2 掌控板A的参考程序

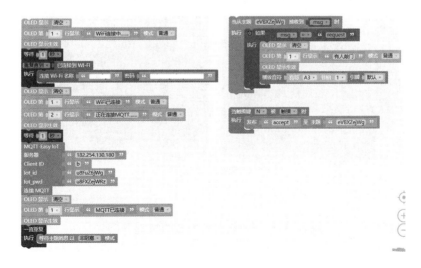

图3-6-3 掌控板B的参考程序

【注意】两块板代码中的Client ID不能相同。

作品运行效果如图3-6-4、图3-6-5所示。

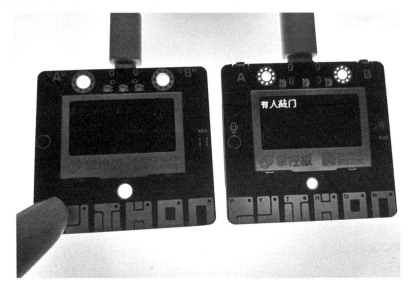

图3-6-4　触摸掌控板A的P键敲门

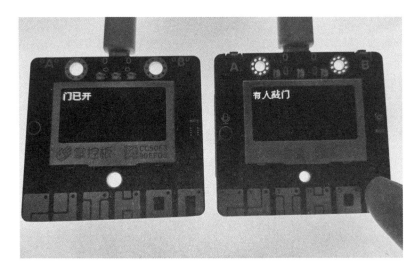

图3-6-5　触摸掌控板B的N键开门

活动2:远程门禁加强版

1.活动过程

掌控板A:(1)连接掌控板A;(2)对照项目指导中的表3-6-2,完成掌控板A"门铃"功能;(3)编写代码,测试并刷入程序。

掌控板B:(1)连接掌控板B;(2)确认用于记录敲门信息的变量,变量名:_____;(3)确认同意开门和拒绝开门指令,同意开门:_____,拒绝开门:_____;(4)对照项目指导中的表3-6-2,完成掌控板B"门锁"功能;(5)编写代码并与掌控板A联动测试效果。

2.参考程序和效果截图

参考程序如图3-6-6、图3-6-7所示。

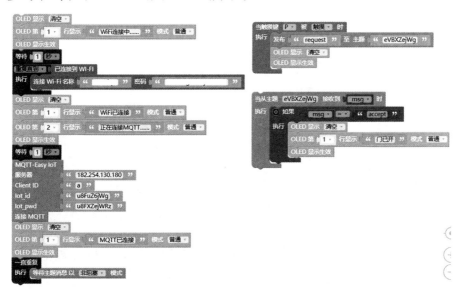

图3-6-6 掌控板A的参考程序

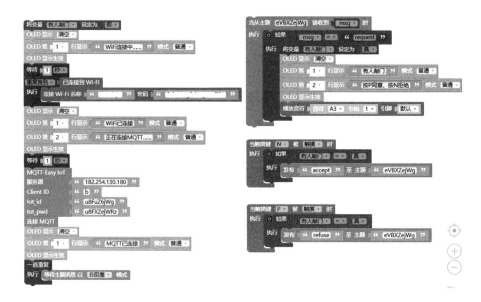

图3-6-7 掌控板B的参考程序

作品运行效果如图3-6-8～图3-6-10所示。

图3-6-8 触摸掌控板A的P键敲门

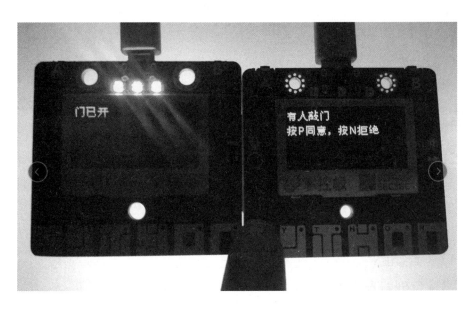

图3-6-9　触摸掌控板B的P键开门

图3-6-10　触摸掌控板B的N键拒绝开门

3.可能遇到的问题

如果门铃在没有"敲门"动作时响起,请检查是否将"播放音符"指令放在

指令内容判断代码中。

四、项目拓展

尝试将掌控板与继电器或舵机连接,模拟真实电磁锁门禁功能。

五、项目交流

本项目介绍了掌控板远程指令控制的综合应用,在此基础上,同学们可以根据自己的需求设计智能家居,请从下面几个方面评价自己的项目。

(1)基本功能:＿＿＿＿＿＿＿＿＿＿＿＿＿＿＿＿＿＿＿＿＿＿＿

(2)项目创新点:＿＿＿＿＿＿＿＿＿＿＿＿＿＿＿＿＿＿＿＿＿＿＿

(3)项目过程中遇到的问题:＿＿＿＿＿＿＿＿＿＿＿＿＿＿＿＿

(4)需要继续努力的方向:＿＿＿＿＿＿＿＿＿＿＿＿＿＿＿＿＿

六、知识链接

1.掌控板引脚定义

要给掌控板外接电子模块,首先要了解掌控板的引脚接口。注意,已经连接了某些资源的引脚,就最好不要再用。如P6,默认连接了蜂鸣器,如果用来连接继电器模块,蜂鸣器就不能同时使用了。各引脚编号和功能描述如图3-6-11、图3-6-12所示。

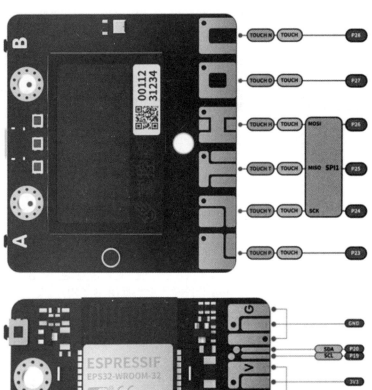

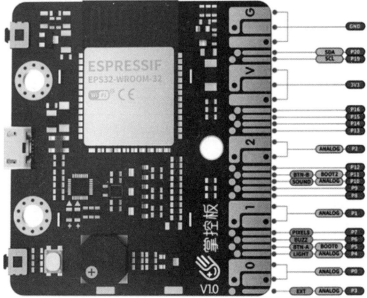

图3-6-11　引脚接口编号

表3-6-1　引脚接口功能说明

引脚	描述
P0	模拟/数字输入,模拟/数字输出 TouchPad
P1	模拟/数字输入,模拟/数字输出 TouchPad
P2	模拟/数字输入
P3	模拟输入,连接掌控板 EXT 鳄鱼夹,可连接阻性传感器
P4	模拟输入,连接掌控板光线传感器
P5	数字输入,模拟/数字输出,连接掌控板按键 A,neopixel
P6	数字输入,模拟/数字输出,连接掌控板蜂鸣器时,可以作为数字 IO 使用,neopixel
P7	数字输入,模拟/数字输出,连接掌控板 RGB LED
P8	数字输入,模拟/数字输出,neopixel
P9	数字输入,模拟/数字输出,neopixel
P10	模拟输入,连接掌控板声音传感器
P11	数字输入,模拟/数字输出,连接掌控板按键 B,neopixel
P12	保留
P13	数字输入,模拟/数字输出,neopixel
P14	数字输入,模拟/数字输出,neopixel
P15	数字输入,模拟/数字输出,neopixel
P16	数字输入,模拟/数字输出,neopixel
3V3	电源正输入:连接 USB 时,掌控板内部稳压输出 3.3V,未连接 USB 可以通过输入(2.7-3.6)V 电压为掌控板供电
P19	数字输入,模拟/数字输出,12C 总线 5CL,与内部的 OLED 和加速度传感器共享 12C 总线,neopixel
P20	数字输入,模拟/数字输出,12C 总线 5CL,与内部的 OLED 和加速度传感器共享 12C 总线,neopixel

续表

引脚	描述
GND	电源 GND
Touch_P（P23）	TouchPad
Touch_P（P24）	TouchPad
Touch_P（P25）	TouchPad
Touch_P（P26）	TouchPad
Touch_P（P27）	TouchPad
Touch_P（P28）	TouchPad

2.继电器、电磁阀和电磁锁

在智能家居中,继电器和电磁阀是常见的执行器,二者的原理和控制方式很接近。一般来说,掌控板只要输出高低电平就能控制。

继电器又称为电磁继电器,用于操作灯、加热器甚至智能汽车中的电源开关,是一种电控开关器件。继电器通过控制小电流电路的通断,实现对高电压大电流电路的控制。电磁阀执行器(如图3-6-13所示)在家用电器中使用最广泛,比如用于煤气和水的控制。电磁锁也称磁力锁,原理与电磁铁相同,即利用磁体异性相吸来控制开关锁。如图3-6-14所示的电磁锁,通电开锁,断电关锁。

图3-6-13　电磁阀

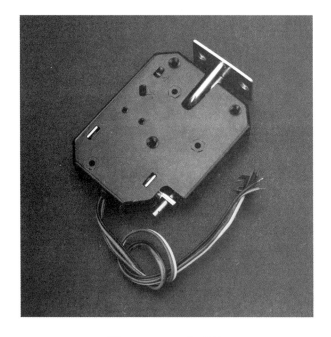

图3-6-14　电磁锁

第四单元

实战开发

当我们可以通过MQTT协议,实现远程感知和无线控制时,智能物联的大门就已经打开。不过,仅仅一块掌控板又如何展示人工智能和物联网的魅力?其实,不仅手机可以和掌控板互动,就连智能家居中的Wi-Fi灯泡,也能够通过编程的形式来控制。

这一单元的主题是"实战开发"。所谓"实战",指开发的作品可以与我们身边的智能产品互动,如手机和灯泡。这些作品可以直接部署在学校里和家里,并正常工作。我们的各种创意,将成为实实在在的产品并服务于生活,而不仅仅是用来展示,或者成为某个小实验的作品。

这个单元设计了两个综合项目。一个项目是与手机关联,采用MIT的App Inventor 2来开发安卓手机的App。另一个项目是与小米Wi-Fi灯泡(Yeelight灯泡)互动。我们相信,通过前面三个单元的小项目学习,大家肯定已经有了新奇有趣的想法。创意理当实现,一起造物去吧。

反馈数据

手机是人们最熟悉的智能终端,我们可以通过手机延伸感官,远程控制设备。手机和掌控板同样能实现互联互动,用手机可以远程控制掌控板,通过掌控板可以反馈数据到手机。

一、项目描述

这里说的"互动",并不满足于采用某个现成的App,让掌控板和手机联通,而是强调了"编程"形式。考虑到iOS的编程门槛较高,我们选择了安卓手机的"App Inventor"。使用掌控板TinyWebIO模块,访问网页版TinyWebIO,实现如下功能:

·借助TinyWebIO,通过浏览器控制掌控板;

·在App Inventor中使用网络数据库替代TinyWebIO。

二、项目指导

掌控板的核心芯片采用ESP32。这款芯片内置了蓝牙和Wi-Fi功能,因此可以通过蓝牙和Wi-Fi两种方式来和手机互动。相对来说,Wi-Fi功能更加稳定,功能也更加强大。 通过Wi-Fi让掌控板和手机互联,也有很多种方案。这里选择了两种最常用的方式,即TinyWebIO和App Inventor。

1.启动TinyWebIO服务

(1)TinyWebIO服务简介。

TinyWebIO是为App Inventor应用提供远程控制接口的掌控板工具包,是

一个以App Inventor的网络数据库(TinyWebDB)组件为媒介,为掌控板开发的专用服务模块,便于熟悉App Inventor开发的用户简单地开发出自己的安卓应用,实现手机与掌控板之间的通信及控制。

(2)掌控板添加TinyWebIO扩展模块。

在左下角扩展模块中点击"添加",加载TinyWebIO模块指令。如图4-1-1所示。

图4-1-1　加载TinyWebIO

(3)配置TinyWebIO参数,启动服务器。

使用"启动TinyWebIO服务"指令,启动TinyWebIO服务器。该指令有两个工作状况选项:前台运行、后台运行。前台运行,服务器响应速度比较快,工作效率高;而后台运行,服务器响应速度比较慢,工作效率低。所以我们使用前台运行服务器。

(4)访问TinyWebIO服务程序。

启动TinyWebIO服务器后,可以在电脑或手机(与掌控板在同一个Wi-Fi网络中)的浏览器中输入"ip地址:8888",即可访问掌控板上的TinyWebIO服

务程序(如图4-1-2所示)。在控制台可以看到打印的访问地址(如图4-1-3
所示)。

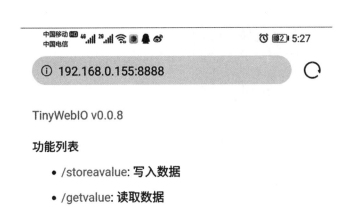

图4-1-2　ip:8888访问页

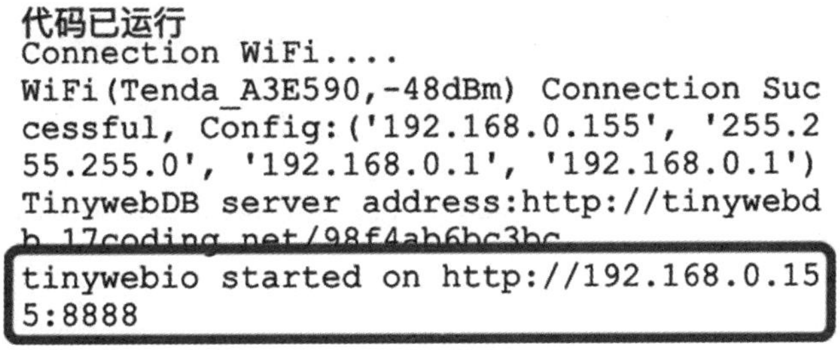

图4-1-3　控制台打印内容

(5)数据写入和读取。

当客户端发出保存数据请求时,请求信息中会携带两个参数——标记和
数据,服务器会将"标记"解释为掌控板上的输出资源,如当标记为"sound"时,
输出资源为声音传感器,并将"数值"解释为具体的输出值,如声音值。

同样,当客户端发出读取数据请求时,会携带一个"标记"参数,服务器会
将参数解释为掌控板上的某个资源,并将该资源的状态返回给客户端,如当标

记为"buttona"时,掌控板将返回按键A的状态(1为断开,0为接通)。

(6)编程范例。

客服端设置保存和读取数据请求信息编程范例如图4-1-4所示。

图4-1-4　设置TinyWebIO客服端参数

2.App Inventor 的 App 开发流程

(1)App Inventor简介。

ai是一个可视化的安卓应用制作平台,平台网站(https://app.wxbit.com)提供高德地图、高德定位、百度语音合成与识别、相机预览框等组件,支持多点触控、动态创建组件和通用事件,通过拖拽组件和逻辑块,即可完成安卓应用的制作。

(2)App Inventor结合掌控板。

掌控板运行一个Web服务器,如TinyWebIO服务器,APP Inventor可以通过Web浏览框或者Web客户端组件访问掌控板的资源。

(3)编程范例。

①登录App Inventor平台并新建项目。如图4-1-5、图4-1-6所示。

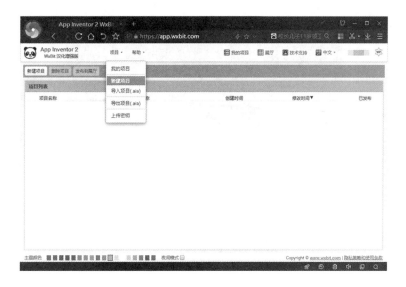

图4-1-5 登录App Inventor平台

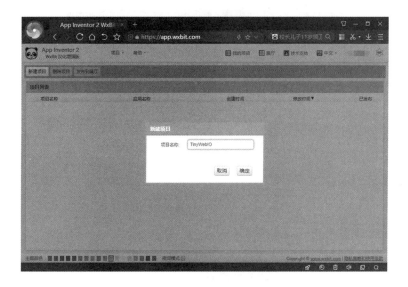

图4-1-6 新建项目

②在组件设计界面添加组件。如图4-1-7～图4-1-10所示。

图4-1-7　添加"开关灯"按钮控件

图4-1-8　添加"获取光线值"按钮控件

图4-1-9 添加"光线值"显示文本控件

图4-1-10 添加网络数据库并设置服务地址

③在逻辑设计界面编写逻辑代码。

a.写入数据:当点击按键"开关灯"时,写入rgb0的值为"255,0,0",即第一个LED灯亮红灯;再次点击时,LED灯熄灭。逻辑代码如图4-1-11所示。

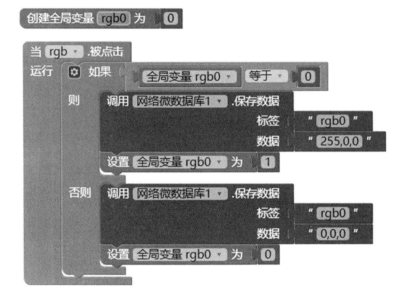

图4-1-11 "开关灯"按键逻辑代码

b.获取数据:当点击按键"获取光线值"时,获取当前光线值数据。逻辑代码如图4-1-12所示。

图4-1-12 "获取光线值"按键逻辑代码

c.显示数据:当获取到光线值数据时,将数值显示在标签文本中。逻辑代码如图4-1-13所示。

图4-1-13　光线值文本显示逻辑代码

④生成APK过程如图4-1-14～图4-1-16所示。

图4-1-14　点击"显示二维码"

智能物联编程及应用

图4-1-15　生成对应二维码

TinyWebIO
安装成功

图4-1-16　扫描二维码安装应用

活动1:TinyWebIO控制掌控板

三、项目实施

1.活动步骤

(1)确定向服务器发送和从服务器读取数据项。(具体功能tag查看知识链接"TinyWebIO接口简介中"表格数据)发送数据项:_____;读取数据项:_____。

(2)确定在网页端写入和读取数据:写入数据。标签:_____,数值:_____;读取数据:_____。

(3)编写代码并测试效果。

2.参考程序和效果截图

参考程序如图4-1-17所示。

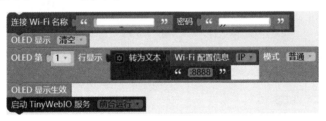

图4-1-17 "掌控板运行TinyWebIO"程序代码

作品运行效果如图4-1-18所示。

图4-1-18　掌控板运行效果

代码成功运行后，可以访问"ip地址:8888"页面，如图4-1-2所示。访问成功后，可写入或读取掌控板数据，如图4-1-19、图4-1-20所示。

中国移动 HD ᵈᵈᶜᵉᵉᵉᵉᵉᵉ　　🕐 🕒 💷 9:39
中国电信 HD

ⓘ 192.168.0.155:8888/storeavalue　　　◯

TinyWebIO v0.0.8

标签

rgb0

数值

255,0,0

写入

["STORED", "rgb0", "255,0,0"]

图4-1-19　写入数据

["VALUE", "light", "151"]

图4-1-20 读取数据

3.可能遇到的问题

启动TinyWebIO客户端,但是无法打开对应网页,请检查以下两点:(1)掌控板与打开网页的客户端是否处于同一网络;(2)启动TinyWebIO服务指令是否采用前台运行模式。

活动2:在App Inventor中使用网络数据库替代TinyWebIO

1.活动步骤

(1)登录App Inventor:

网址:https://app.wxbit.com。

(2)确定组件设计。

组件类型	文本	功能

(3)确定网络微数据库服务地址。

地址:_____。

（4）完成App Inventor逻辑设计。

（5）编写mPython代码并测试效果。

2.参考程序和效果截图

掌控板访问TinyWebIO后（程序代码如图4-1-17所示），通过App Inventor制作安装了网络数据库的App以访问"ip地址:8888"网络地址（如图4-1-21、图4-1-22所示）。各个按键设置和功能如表4-1-1所示。

表4-1-1　各按键设置和功能

组件类型	初始文本	功能
按钮	开关灯	控制LED灯开关
按钮	获取光线值	获取当前光线值
标签	光线值	显示获取的光线值

图4-1-21　App前台组件

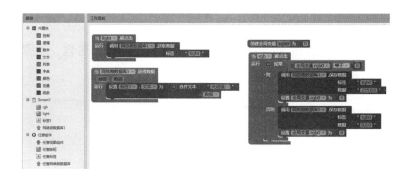

图4-1-22 App后台逻辑代码

作品运行效果如图4-1-23、图4-1-24所示。

图4-1-23 "开关灯"按键控制LED灯

光线值：227

图4-1-24 "获取光线值"按键获取数据并显示

3.可能遇到的问题

如果 TinyWebIO 连接不了或不稳定,请下载最新固件,重新尝试启动 TinyWebIO 服务器。

四、项目拓展

设计用手机控制掌控板进行实时数据采集与分析实验。

五、项目交流

本项目介绍实现手机与掌控板互联互动,在此基础上,请从以下几个方面评价自己的项目。

(1)基本功能:_____

(2)项目创新点:_____

(3)项目过程中遇到的问题:_____

(4)需要继续努力的方向:_____

六、知识链接

1.App Inventor 简介

App Inventor 2简称ai2,为了和人工智能(Artificial Intelligence,简称AI)区别,简称用小写。既然有ai2,那么就有ai1,那是谷歌发布的ai。后来谷歌将 ai 移交给 MIT 维护,MIT 发布了 ai2,ai1 成为历史,不再使用。ai 目前只能制作安卓应用,由于 iOS 规范的限制,ai 在未来比较长的一段时间里也只能制作安卓应用。

ai2是一个可视化的安卓应用制作平台,用户使用浏览器打开 ai 平台网站(App Inventor 2 WxBit汉化版,简称WxBit版),通过拖拽组件和逻辑块,即可

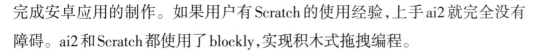

完成安卓应用的制作。如果用户有Scratch的使用经验,上手ai2就完全没有障碍。ai2和Scratch都使用了blockly,实现积木式拖拽编程。

2.TinyWebIO服务和接口简介

TinyWebIO是为App Inventor应用提供远程控制接口的掌控板工具包,是一个以App Inventor的网络数据库(TinyWebDB)组件为媒介,为掌控板开发的专用服务模块,便于熟悉App Inventor开发的用户开发出属于自己的安卓应用,实现手机与掌控板之间的通信及控制。

TinyWebDB组件主要采用tag作为数据的标识进行读写。TinyWebIO则利用读取数据作为读取掌控板的传感器信息,写入数据库则视为给掌控板的执行器发送指令。其中,"tag"表示要访问的资源名称,"value"表示与控制功能相关的参数,具体类别如表4-1-2所示。

表4-1-2　相关参数

tag值	对应资源	功能	value值
buttona	A键	读取状态	无
buttonb	B键	读取状态	无
touchpadp	触摸按键P	读取数值	无
touchpady	触摸按键Y	读取数值	无
touchpadt	触摸按键T	读取数值	无

续表

tag值	对应资源	功能	value值
touchpadh	触摸按键H	读取数值	无
touchpado	触摸按键O	读取数值	无
touchpadn	触摸按键N	读取数值	无
light	光线传感器	读取数值	无
sound	麦克风	读取数值	无
accelerometer	加速度传感器	读取三轴数值	无
id	标识	读取掌控板标识	无
time	时间戳	读取事件戳	无
rgb\<n\>	RGB LED 灯珠	点亮灯珠n,n取值为 0,1,2	逗点分隔红绿蓝颜色亮度值,如 255,0,0
display 或 oled	OLED 显示屏	显示文本或 清空屏幕	显示文本为show:\<文本\>,\<x\>, \<y\>,清空屏幕为fill:1或fill:0,默 认在(0,0)处显示指定文本
buzz	蜂鸣器	播放声音或停止	播放为on或on:\<频率值\>,停止 为off,默认播放指定频率

续表

tag值	对应资源	功能	value值
music	音乐	播放乐谱或非音符音调	播放乐谱为内置或逗号分隔自编乐谱,音调为pitch
servo<n>	舵机	设置舵机脉冲宽度或角度	角度值
pind<n>	数字IO引脚	输入输出数据	输入不用设置数值,输出时需设置目标值
pina<n>	模拟IO引脚	输入输出数据	输入不用设置数值,输出时需设置目标值
client	远程访问	存取TinyWebDB服务器	开启为start,关闭为stop

注:(1)表中出现的<n>为相应资源编号,编写时需替换为具体数值,如0、1、2等,注意不要带入"<"和">"符号。

(2)如果以页面方式提交数据(GET或POST),需另外增加一个参数fmt,其值应为html。

灯光控制

智能家居听起来很神秘,很高科技吧? 你想用掌控板能学习智能家居的知识吗? 其实只要买一个99元的小米灯泡,掌控板就能够实现神奇的灯光控制功能。

一、项目描述

利用掌控板的Wi-Fi功能,控制小米灯泡,并且能够用掌控板上的各种传感器和小米灯泡互动:

·用按钮控制灯的打开和关闭状态;

·用触摸键控制灯光的颜色;

·用语音控制灯光的状态。

二、项目指导

1.准备工作

(1)小米灯的选择。

小米灯有多种类型,可以在米家App的照明分类中看到所有小米灯的型号,根据自己的需要选择购买。如图4-2-1、图4-2-2所示。

图4-2-1　米家App添加设备

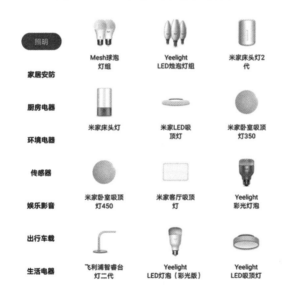

图4-2-2　米家照明类设备

本项目使用灯具类型为Yeelight LED灯泡1S（彩光版）。

（2）小米灯的设置。

购买了小米灯之后，打开使用手册，扫描二维码下载米家App并连接小

米灯。

扫码成功后会进入小米灯连接界面,按照描述恢复灯泡出厂设置,完成后勾选确认上述操作。如图4-2-3所示。

图4-2-3　设备恢复出厂设置

下一步将开始扫描设备,寻找你的小米灯。搜索设备成功后,按照提示选择路由器并连接。如图4-2-4所示：

选择路由器
Yeelight LED灯泡1S 彩光版

当前手机连接

Auselrys
点击输入密码

连接其他路由器 　＞

图4-2-4　选择路由器

Wi-Fi连接成功后，等待App添加设备。如图4-2-5、图4-2-6所示。

请保持手机蓝牙开启并将手机尽量靠近设备

✓　连接设备成功

◯　向设备传输信息中…

图4-2-5　设备连接中

设备添加成功

✓ 连接设备成功

✓ 向设备传输信息成功

✓ 设备连接网络成功

✓ 扩展程序初始化成功

图4-2-6　设备添加成功

进行到这一步,已经可以确认你的Yeelight设备可以被找到,可以直接打开mPython界面,尝试用掌控板连接小米灯,也可以继续选择你的小米灯所在房间并给灯具取名,体验用App控制Yeelight。

2.mPython的插件安装

在左下角扩展模块中点击"添加",在硬件扩展中找到Yeelight模块(如图4-2-7所示),加载该模块,就能在扩展中使用小米灯控制指令。Yeelight模块指令如图4-2-8所示。

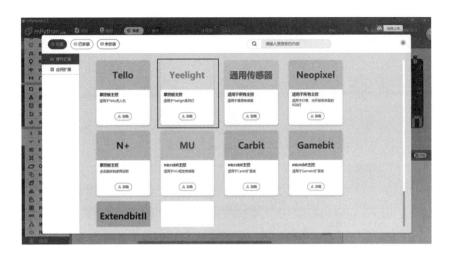

图 4-2-7　Yeelight 模块

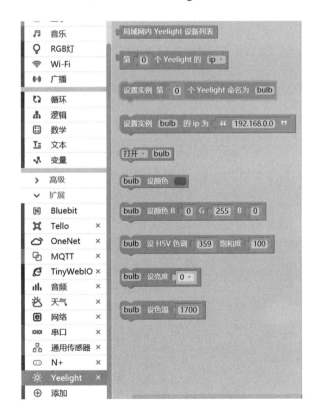

图 4-2-8　Yeelight 模块指令

三、项目实施

1.连接小米灯泡

掌控板需要与小米灯处于同一网络。连接Wi-Fi并找到设备。查看局域网内Yeelight设备,如图4-2-9所示。

图4-2-9　查看局域网内设备

如果局域网内存在Yeelight设备,设置设备名称,如图4-2-10所示。

图4-2-10　设置设备名称

2.控制灯泡的开和关

"打开""关闭"指令分别控制灯泡的开和关,如图4-2-11所示。

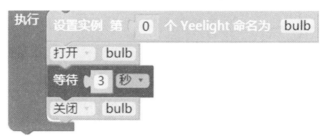

图4-2-11　控制灯泡开与关

3.控制灯泡的色彩

打开指定灯泡,设置灯泡颜色,如图4-2-12所示。

图4-2-12 改变灯泡色彩

4.各种综合控制

同时设置多种按键控制灯泡开启、关闭、颜色变换等功能,如图4-2-13所示。

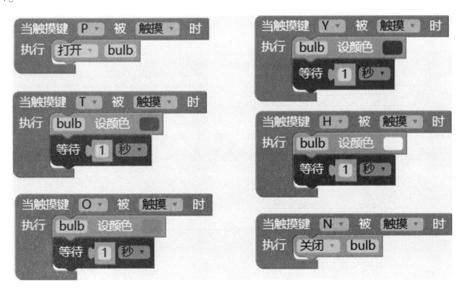

图4-2-13 触摸键控制灯泡

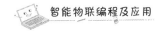

四、创意挑战

你想设计一个怎样的智能家居？请按下面的步骤,记录你的思考和实践过程。强烈建议你把下面的四点记录在 .doc 文件中,形成你的作品文档。

(1)作品名称:＿＿＿＿＿＿＿＿＿＿＿＿＿＿＿＿＿＿＿＿＿

(2)功能描述:＿＿＿＿＿＿＿＿＿＿＿＿＿＿＿＿＿＿＿＿＿

(3)器材准备:＿＿＿＿＿＿＿＿＿＿＿＿＿＿＿＿＿＿＿＿＿

(4)代码编写:＿＿＿＿＿＿＿＿＿＿＿＿＿＿＿＿＿＿＿＿＿

【提示】请将你的代码分别保存为 .xml 文件,或者 .py 文件。

五、作品展示

请拍摄一下你的作品,并且录制作品的效果,然后发布在网络上,比如 DF 创客社区,或者 mPython 社区。

附录1:本书教学套件清单

序号	名称	图片	备注
1	掌控板2.0 （含USB线）		基础
2	掌控板 扩展板		基础

序号	名称	图片	备注
3	继电器模块		基础
4	Yeelight 灯泡		基础

序号	名称	图片	备注
5	舵机		基础
6	DH11温湿度传感器		基础

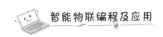

序号	名称	图片	备注
7	模拟量超声波测距传感器		基础
8	红外发射模块		拓展

续表

序号	名称	图片	备注
9	红外接收模块		拓展
10	带功放喇叭模块		拓展

序号	名称	图片	备注
11	直流电机风扇		拓展

附录2：mPython与大疆无人机

掌控板能不能控制大疆无人机？答案当然是肯定的。大疆的教育无人机支持通过Wi-Fi控制，掌控板能够连接Wi-Fi，二者的相互控制是很容易实现的。

Tello EDU是一款强大的益智编程无人机，如附图1所示。你能通过它轻松学习图形化编程语言（如Mind+、mPython），也可以学习Python和Swift等编程语言。它支持基于Wi-Fi的SDK命令，可以编写代码指挥多台Tello EDU编队飞行。

附图1　Tello EDU

RoboMaster TT是Tello EDU的升级版,提供了对第三方电子模块的支持,功能更加强大,如附图2所示。RoboMaster TT默认支持DFRobot的各种传感器和执行器,与本书选择的电子模块完全兼容。

附图2　RoboMaster TT

mPython中内置了Tello EDU(兼容RoboMaster TT)的编程插件,你可以把掌控板想象成大疆无人机的控制器,然后根据你的想法,随心所欲地控制无人机,如附图3所示。

附图3　mPython中的编程插件

1.准备工作

掌控板和Tello EDU的连接,有两种方式。

(1)路由器模式。默认情况下,Tello EDU就是路由器模式,即将自己模拟为一个无线路由器。掌控板可以连接这个无线路由器。

(2)工作站模式。使用SDK中的AP指令可以将Tello EDU转为station模式,并和掌控板一起连到同一个无线路由器。

这两种方式是有区别的,因为第一种方式下,掌控板是不能连接互联网的,语音识别功能就不能正常使用了。因而,如果需要连接互联网,比如使用MQTT应用,那么就需要使用第二种方式。

【注意】默认情况下,mPython是用第一种方式寻找无人机的,如果使用第二种方式,要切换到代码模式,修改无人机的IP地址。

2.mPython中的编程指令简介

(1)最简单的代码。

按下A键,无人机起飞。参考代码如附图4所示。

附图4　起飞代码

（2）更多的指令。

mPython中把无人机的常见指令都整合进来了。如附图5所示，掌控板支持的指令很多，有翻滚、旋转、探测挑战卡等。

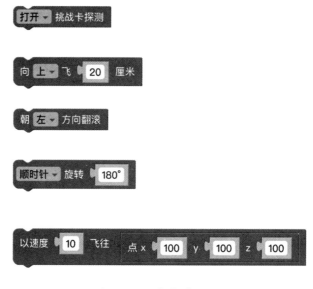

附图5　更多指令

3.创意参考

（1）用掌控板的语音来控制无人机。

【小提示】用第二种方式就可以。

（2）发现有人闯入特定区域，就起飞无人机，表示威慑。

【小提示】可以用超声波传感器来检测是否有人。

（3）当掌控板跌落，无人机就使用翻滚命令。

【小提示】掌控板的跌落，可以用加速度传感器的Z轴来检测。

后 记

　　自2018年9月发布掌控板项目以来,我们很高兴地看到这块小小的板子,得到了众多一线教师和创客企业的支持,很快就成为国家级竞赛的推荐器材,并且写入了多个版本的信息技术教材。

　　掌控板为什么会成功? 我想有多个原因。首先,掌控板是一块开源硬件,不是某一个企业的产品,产权归属于广大教师。因此,很多企业为掌控板设计了编程软件和扩展模块。其次,掌控板的设计者熟悉中小学教育,知道中小学课堂需要怎样的可编程硬件。最后,掌控板不仅价格低廉、性能强大,还支持Wi-Fi,将开源硬件带入了物联网时代。

　　mPython是深圳盛思开发的编程平台,盛思又是掌控板的研发企业。因此,mPython在功能和兼容方面,相对其他编程平台来说肯定做得更好。尤其让人称赞的是mPython的仿真功能,为中小学教学带来了很大的便利。可以这么说,mPython是为掌控板而生的。新版的mPython还整合了Jupyter,既支持MicroPython,又支持Python,难能可贵。

　　我很早就想为mPython和掌控板写一本书,开发一本校本教材,因为掌控板结合物联网方面的书或者课程特别少。但琐事太多,一直没有付诸行动。2019年底,杭州师范大学的洪河条老师和飞鼠教育CEO吴小敏邀请我加入他们的一个横向课题。在杭州师范大学硕士生朱纯艳、我的学生黄斯文,以及飞鼠教育季晨悦等人的协助下,这本书完成了初稿。再经过杭州师范大学章苏静教授的悉心指导,终于赶在暑假结束之前成稿。盛思CEO余翀先生欣然为本书写了序,这也是他第一次为别人写序。

　　本书最大的特点是结合了项目式学习和信息技术实验教学的优点,让基于掌控板的学习不会拘泥于制作一个个作品,而是有探究,有实验,有拓展。基于这本书,授课教师可以举一反三,让课堂更适合自己学生的情况,并结合其他学科的知识。创客教育和STEM、STEAM教育之间,本来就没有严格的界限。

　　本书中项目的实施成本很低,只要人手一块99元的掌控板就能完成基本教学任务。虽说如此,但我还是推荐学校另外买一些配件,如扩展板、舵机、温湿度传感器、红外传感器、Yeelight灯泡等。当然,这些模块本来就和其他开源硬件兼容,也是创客空间中的必备材料。有了更多的电子模块,学生的创意会更多,能完成的作品也会更多。

　　从技术上看,本书中涉及的物联网和人工智能知识只能算入门,浅尝辄止。但因为结合了真正的实践,学生从中得到的收获并不比其他专门冠上"人工智能"一词的课程少。百闻不如一见,物联网和人工智能本来就不神秘,也不是高不可攀,我们的教育不能满足于简单的科普。唯有动手,才是真正的学习。

谢作如

2021年7月30日

于温州中学DF创客空间